主 编
Chief Compiler
江 泽 慧
Jiang Zehui

江泽慧教授现任全国政协人口、资源、环境专门委员会副主任，国家林业局党组成员，中国林业科学研究院院长，中国花卉协会会长，国际竹藤组织董事会联合主席等职

中國名花

百岁冰高门题

THE SERIES OF
CHINA FAMOUS-FLOWER

江泽慧　主编

中国名花专著系列

中国名花专著系列，
由著名花卉专家将其多年的
辛勤劳动成果——花卉培育经验、
花卉培育理论、花卉名品，
每品种以图文并茂的形式撰著成书，
自成体系，形成系列，
由中国林业出版社出版发行。
花卉产业在中国方兴未艾，
中国名花专著系列的出版
对中国花卉产业必将起到推动作用。

Chief Compiler Jiang Zehui

THE SERIES OF CHINA FAMOUS-FLOWER

The series of
China famous-flower
is authored by famous flower experts
who have rich experiences
and theories of flower culture.
Famous flowers and breeds with picture
and writing including in the books
form a series and are published
by China Forestry Publishing House.
This series will
do good to flower industry
which has a prosperous future in China.

江泽慧主编

中国名花专著系列

中国兰花观赏与培育及病虫害防治

该书共352页，51.8万字，
彩色精印精装，
定价398.00元。

该书由我国著名兰花专家刘仲健先生所著。作者积十七年研究培养和经营兰花的经验，在丰富的理论和实践的基础上，系统地对中国兰花的植物学、生理学、病理病虫学、栽培学以及欣赏艺术等方面进行科学的阐述。

全书分观赏、培育和病虫害防治三大部分。

观赏篇中包括中国兰花水晶、矮种奇叶（墨兰、四季兰、寒兰、春兰）、奇花、线艺四大类名品的艺术欣赏，精美彩色照片三百多张。

培育篇包括中国兰花植株培育、中国兰花生理与人工栽培管理。细目主要有：中国兰花植株表现型态与花艺的相关性、中国兰花非花期的特征分辨、矮种奇叶类的形态特征、人工矮化品种与自然矮种的区别，山采兰花的商品化培育、水分施肥、光照管理、兰花成花因素和激素的应用、传统栽培方法的改进等。

病虫害防治篇几乎包括所有危害中国兰花的虫害、真菌病害、细菌病害、线虫病害、病毒病害、丛枝病害、生理性病害等的诊断和防治。最后附有兰花病虫害名录、以及花卉常用杀菌剂、杀虫剂简介。

该书是目前我国一本内容较全面详细，既有理论又有实践，具有较高学术和欣赏价值的中国兰花专著。

Chief Compiler Jiang Zehui

The Series of China Famous-Flower

Chinese Orchidology

Chinese Orchidology, authored by Liu Zhongjian, professor of China South Agriculture University and famous expert of Chinese orchid, is now published by China Forestry Publishing House. Based on 17-year-experiences of orchid culture and management, with the abundant theory and practice of professor Liu, botany, physiology, pathology, appreciation art of Chinese orchid and so on are systematically described in his book. The book is divided into six sections (appreciation, culture, pest and disease etc.). The section of appreciation covers four varieties which are Chinese crystal orchid, short orchid with strange leaves (*C. sinense, C. kanran, C. goeringii, C. ensifolium*), strange flowers, art of line, including more than 300 beautiful photos. Culture section includes culture of Chinese orchid, physiology and management of artificial culture of Chinese orchid. In this section, characters of short orchid with strange leaves, distinction between natural short orchid and artificial short orchid, commercial culture of orchid from mountain, management of water, fertilization and light, flowering factor of orchid and hormone application, improvement of traditional culture are also described here. Diagnosis and control of all disease caused by pest, virus, fugus, microorganism, nematode, physiology are in the section of pest and disease control. The name of pest of orchid, introduction of common pesticide and germicide are attached in the end of the book. It is really a valuable monograph with advanced experience and deeply technology.

江泽慧主编

中国名花专著系列

中国兰花水晶艺研究及水晶名品鉴赏

该书共352页，51.8万字，
彩色精印精装，
定价398.00元。

水晶艺是中国兰花艺术的一种新的欣赏形式。

《中国兰花水晶艺研究及水晶名品鉴赏》一书，通过图文并茂的形式，向广大兰花爱好者及有关技术人员介绍了中国兰花水晶艺的知识，丰富了中国兰花艺术的内涵。

本书论及中国兰花水晶艺兰，主要是从植物学的角度，较为系统和全面地论述了中国兰花水晶艺的分布、植物学结构及其形态的表现形式，水晶艺兰与传统四大艺兰的关系，水晶艺与病毒病及生理性症状的区别，提出了水晶艺兰的栽培要点，体现了本书内容的先进性和科学性。

本书着重于“新”，根据近年新发现和流行的水晶艺兰，通过彩色图片直观地将中国兰花植物学方面的新景象呈现在广大读者面前，既可以作为图鉴又可以作为艺术内容进行欣赏。最主要的是作为一种记载以引起植物学界的关注和研究。

Chief Compiler Jiang Zehui

The Series of China Famous-Flower

Study and Appreciation on Crystal Art of Chinese Orchids

Crystal art of Chinese orchids is a new type in appreciation. Chinese orchid crystal was introduced to many orchid lovers and related technicians combined both pictures and writing in the book “Study and Appreciation on Crystal Art of Chinese Orchid” which is described Chinese orchid crystal in a way of botany. And distribution of Chinese orchid crystal, structure of botany, the form of appearance, the relationship between crystal and four traditional orchids, distinction between crystal orchid with virus and its physiological characters are described, and also the main points of crystal orchid culture are established, which show the advance and scientific of the book.

The book, which based on the new-founds and popular crystal orchid focus on new varieties. And the new look of botany of Chinese orchid is explored directly to readers by color photos. It would be regarded as both picture appreciation and art to be appreciated, and the most important is, it called the attention of the line of botany.

江泽慧主编

中国名花专著系列

中国牡丹培育与鉴赏及文化渊源

该书共352页，51.8万字，
彩色精印精装，
定价398.00元。

《中国牡丹培育与鉴赏及文化渊源》是一本反映中国牡丹的品种、栽培技术、历史、诗词文化的综合性专著。书中系统地描述了中国牡丹的形态和分布现状，收集和整理了历代牡丹诗词，拍摄了近400幅反映中国牡丹不同类群、各具特色的精美图片，生动直观、图文并茂，诗情画意、雅俗共赏。同时，还展示了中国当代著名书画家牡丹作品十余幅。实为一本融科学与艺术于一炉的著作。

Chief Compiler Jiang Zehui

The Series of China Famous-Flower

A study on Chinese Peonies

This is a comprehensive work on Chinese peonies, dealing with altogether over 300 species, varieties and cultivars, as wall as their history and cultivation techniques. Ancient poetry is also included and discussed. Nearly 400 colour photographs and over 10 duplicates of modern paintings are provided. This will enable the book to be useful scientifically and artistically, and to suit both refined and popular tastes.

江泽慧主编

中国名花专著系列

中国兰花奇花艺研究及奇花名品鉴赏

该书共352页，51.8万字，
彩色精印精装，
定价398.00元。

本书是一部从科学技术和文化艺术角度上品评中国传统名花——兰花(兰属植物)奇花的专著。书中分花朵的构成和花艺的传统分类，国兰花朵的奇异艺术等内容以图文并茂的形式加以阐述并配有600多幅有关兰花奇花名品的图片。生动直观，雅俗共赏。

书中将奇花名品分为素心奇花、荷瓣奇花、多瓣奇花、唇瓣奇花、雄蕊化奇花、复色奇花及异型瓣奇花七个部分作系统表述并直观展现，该书是兰花奇花方面具有较高理论研究和鉴赏价值的书籍。

Chief Compiler Jiang Zehui

The Series of China Famous-Flower

A Study and Appreciation of rare-flowered cymbidiums

An attempt is made in the present work to introduce and appraise rare-flowered cymbidiums, traditionally well-known orchids in China. Cymbidiums, especially terrestrial ones, are named “guo lan”(national orchids) by many Chinese. This is not only because China is rich in this kind of orchids and has a long history of their cultivation, but also there are a large number of orchid lovers and amateurs in this country.

The appreciation of cymbidiums in China is closely linked with its aesthetic tradition. Many people have considered it to be a symbol of elegance and loyalty that cymbidiums look quiet and clean in colour and gentle and graceful in appearance. The literary scholars, calligraphers and painters left behind since ancient times a lot of poetry, calligraphy and paintings with strong feeling for the beauty of these orchids. Obviously the cultivation and appreciation of cymbidiums do not confine themselves merely to facts as they are, but have merged into Chinese culture of long standing and well established, and have become a component or branch of it, which we call “orchid culture” .

万壑同源 何海霞、梁树年、白雪石、宗其香、马振声、李春海、徐义生、李黎合作

万壑同源，万众同心，万民同乐，表现了中华民族欣欣向荣、血脉相连的精神气质，在绚丽多彩的画面上，那大开大合的磅礴气势，那行云流水的生动神韵，那酣畅淋漓的笔墨，无不显示出东方艺术的灿烂光辉，寄托了艺术家的情怀，也表现出中华民族繁荣昌盛、同宗同源的主题。（组织策划：刘先银、杨京岛）

春風百匯
萬壑同源

王光英

芳名誉四海落户到万家
叶立含正气花妍不浮华
常绿斗严寒含笑度盛夏
花中真君子风姿寄高雅

百岁张学良诗

张学良将军养兰、赏兰、咏兰，以诗遣怀，度过了漫长的悠悠岁月，这首诗境界颇高，寓意深长，脍炙人口，迅速传遍世界。诗中寄托了他对兰花的钟爱之情，他曾自我解嘲道：『我是过着美人名花两相欢的生活。』这美人是指赵四小姐——赵一荻，这名花即指兰花。（刘先银书并识）

中国兰花
王者之香

百歲叟孫墨佛

幽蘭吐秀喬林下
仍自盤根衆草旁
縱使無人見欣賞
依然得地自含芳

右錄朱德詠蘭詩

庚辰春月 陳俊愉書

陈俊愉 中国工程院资深院士，北京林业大学教授，著名园林花卉专家

手培蘭蕙兩三栽
日暖風和次第開
坐久不知香在室
推窗時有蝶飛來

詠蘭詩一首 庚辰夏 陳夢熊書於京

中国兰花

奇花艺研究及奇花名品鉴赏

刘仲健　徐公明　著

中国林业出版社

书名题字　陈俊愉 Chen Junyu
扉页书名题字　凌禹门

图书在版（CIP）数据

中国名花专著系列／江泽慧主编．
中国兰花奇花艺研究及
奇花名品鉴赏／刘仲健　徐公明著．
—北京：中国林业出版社，2000.6
ISBN 7-5038-2558-8
Ⅰ．中…
Ⅱ．①刘…　②徐…
Ⅲ．①兰科－花卉－研究－中国
②兰科－花卉－鉴赏－中国
Ⅳ.S682.31
中国版本图书馆 CIP 数据核字
（2000）第 20143 号

中国林业出版社出版
北京西城区刘海胡同 7 号
邮政编码：100009
责任编辑：刘先银　雷嗣鹏
Email: steven@public.fhnet.cn.net
深圳美光实业股份有限公司印刷
新华书店北京发行所发行
2000 年 6 月第 1 版
2000 年 6 月第 1 次印刷
开本：889mm × 1194mm　1/16
印张：22
字数：518 千字
印数：1 ~ 1000 册
定价：398.00 元

作者简介

刘仲健，广东省台山市人，1982年毕业于华南农业大学，高级工程师。现为中国高技术产业化协作组深圳专家委员会生物产业委员会副主任，深圳市青年科学家协会副会长。他长期从事科技研究，辛勤耕耘，治学严谨，在理论研究方面有很深造诣，先后在国内外学术期刊上发表论文80多篇，著有《中国兰花观赏与培育及病虫害防治》、《植原体病理学》、《中国牡丹培育与鉴赏及文化渊源》、《中国兰花水晶艺研究及水晶名品鉴赏》等学术专著。他和合作者首次建立了诊断柑橘黄龙病的酶标定位快速诊断及酶联免疫吸附分析法，制备单克隆抗体，创造了免疫荧光抗体检验法、胶体金—银染色免疫检验法，建立了能应用于生产的聚合酶链式反应等诊断方法，并确证柑橘黄龙病的病原为新型细菌，成功地解决了该病的病原问题，达到国际领先水平，成为“九五”国家科技成果重点推广计划指南项目；利用农杆菌携带柞蚕抗菌肽D基因成功地导入桉树，使植物品种改型；成功地分离出内生菌根并进行了人工培养，解决内生菌根不能人工培养的难题；开展了对国兰的大面积商品化栽培、病虫害防治、品种选育以及国兰系统的基础理论研究，发现了许多新分类群。提出了适合城市绿地的系统管理理论并对城市绿地系统的植物配置和树种选择作了分析，为定量规划提供了依据。

刘仲健先生在DNA重组技术、PCR技术、分子杂交技术、细胞培养及外源基因转染和表达、新药抗菌肽的研制方面具有相应的成果，被誉为“深圳市十佳青年科技工作者”、“深圳市青年科技带头人”、“广东省青年科技标兵”。

作者简介

徐公明，重庆市江北区人，从小受家庭环境的熏陶，特别喜爱兰花。现任四川兰花开发公司董事长兼总经理，《中国兰花》、《兰》、《中国兰花信息》记者，同时被北海市、泸州市、彭州市及全国10多个地州县市兰花协会聘任为顾问。曾于1990年的中国首届四季兰展上获得银奖铜奖各一枚，在中国第四届、第五届、第六届、第七届兰花展览中展出的“冰心奇龙”、“晶鹤”（水晶兰）及春兰的“猫耳捧”连续三年获得金奖，为四川省兰界在全国争得了声誉。

徐公明先生对我国兰花的开发，首先倡导立足国内市场，再“打”出国门，推向国际；在国内方面倡导南兰北养的战略，即大量开发东北西北兰花市场，把川兰推向北方。同时，主张稳定传统兰花品种的价格，用新、奇、特来刺激兰花市场，为兰花市场的稳定、兴旺起到了积极的作用，为四川兰界的团结也作出了极大的努力，得到了四川兰界朋友的认同。

徐公明先生是水晶兰的倡导者和开拓者之一，也是兰花收藏、活动和摄影艺术家。多年来在蓉城这块土地上研究、开发兰花，为四川兰业的发展做出了重要的贡献，在兰花摄影艺术上多次受到国兰专家何清正、刘清涌教授的称赞，并在报刊上选登了徐公明的中国兰花摄影艺术照。他的著作有《中国水晶兰》、《大众插花》等，还曾担任《春剑图谱》的特约编辑。

序 FOREWORD

陈心启教授现为中国兰花学会理事长，中国植物志副主编，中国科学院植物研究所研究员，IUCN国际兰花专家组成员。

兰花在我国民间一般指中国原产的兰属植物，如春兰、蕙兰、建兰、墨兰、寒兰等。国人对此情有独钟，且广为栽培，故又有国兰之称。

人们欣赏兰花，不外乎色、香、形、姿、奇，古今中外概莫能外。但钟情于国兰奇花，却是中国兰界特有的现象。珍藏于北京故宫博物院的一幅北宋宫廷团扇上的蕙兰水彩画，实际上就是一种蝶瓣奇花。清代流传下来的春兰名品“绿云”也是一种奇花。猎奇应当是人们常有的心态，何况不少奇花品种是比较美观的，如“绿云”和近年选育的墨兰名品“大屯麒麟”等。近年来，追求奇花已成为一种时尚，尽管人们对奇花产生的原因及其变异规律仍所知甚少。

诚然，此书的面世是适时的。第一作者刘仲健先生是我国知名的植物学家和兰花专家，长期从事国兰研究并有颇多的论著。徐公明先生在国兰领域亦为知名人士。他们首次把国兰奇花及其变异规律加以系统总结，并在美学上和科学上给以适当的解释和评介。这无疑是有益的尝试，不仅将为国兰爱好者提供一部实用的参考书，也将对国兰研究起促进作用。这也正是兰花学术界和广大兰友们所希望的，故乐为之序。

2000年5月8日

FOREWORD

Among the Chinese people, so-called "lan" (orchid) commonly refers to native cymbidiums, such as *Cymbidium goeringii* (Rchb.f.) Rchb.f., *C. faberi* Rolfe, *C. ensifolium* (L.) Sw., *C. sinense* (Jack ex Andr.) Willd. and *C. kanran* Makino. They are very much loved and widely cultivated, consequently called guo-lan (national orchid), in China.

Appreciating orchids is nothing more than their colour, fragrance, shape, style and rareness. There is no exception to this in modern or ancient times, in China or elsewhere. However, it seems to be a peculiar phenomenon of the Chinese orchid lovers to cherish rare-flowered, or abnormal-flowered, cymbidiums. As early as in the Northern Song Dynasty (960-1126), there was on a round silk fan a water-coloured picture of *Cymbidium faberi* with three-lipped flowers, which is presently preserved in the Palace Museum in Beijing. Another example of rare-flowered cymbidiums is lu-yun, a well-known cultivar of *Cymbidium goeringii* since the Qing Dynasty (1644-1911). It is indeed natural and normal for most people to seek novelty and, in addition to this, many rare-flowered cymbidiums are in fact relatively charming, such as aforementioned lu-yun, and da-tun-qi-lin, a recently selected cultivar of *Cymbidium sinense*. Recently it has come into fashion for many orchid lovers to seek abnormal-flowered cymbidiums, even though people knew very little about why and how the variation took place.

This book is published at just the right time. The senior author, Mr. Z. J. Liu, is a noted botanist and orchidologist in China, who has worked on Chinese cymbidiums for years and published many works on the subject. Mr. G. M. Xu is also an orchid enthusiast. This book is the first generalization and summation of the knowledge of rare-flowered cymbidiums, with unprecedented comments on some problems scientifically and aesthetically. This is no doubt a beneficial attempt. It would provide to orchid lovers with a useful reference book and advance Cymbidium research in China. This is exactly what the orchid circles are looking for and encourages me to preface this new book.

Chen Sing-chi
May 8, 2000

前言 PREFACE

本书是一部从科学技术和文化艺术角度上品评中国传统名花——兰属（*Cymbidium*）植物奇花的专著。兰属植物，特别是地生种类，被中国人称为国兰。这不仅由于中国有丰富的野生资源和悠久的栽培历史，更重要的是拥有为数众多的爱好者。

中国人鉴赏国兰是和中国传统的审美观息息相关的。人们甚至把国兰素淡、洁净的色调与柔和、飘逸的风姿看成高雅和忠贞的象征。自古以来，过往匆匆的文人墨客为爱兰颂兰留下了大量的诗词、歌赋、书法和绘画。养兰咏兰实际上已远远超出了兰花的自身，而融入了源远流长的中华民族文化，形成了一个独特的分支——兰花文化。

今天在我国，兰花文化的发展已随着经济的高速增长，愈来愈走向深入。人们对兰花的钟情有增无减，甚至对国兰的一切异乎寻常的变异，从花的色彩、形态、展姿到花部器官的增减、变形，都给以热情的关注。从中挑选出的名品，也大多冠以种种优雅的名称，如桃姬、彩蝶、绿云等。名品的身价也常常令人咋舌，动辄数万元至数十万元或更高，如达摩、奇异水晶等。广大兰友们对国兰名品如同对古董珍品那样爱护备至，孜孜以求。这或许是中国兰花文化中的一个特殊的现象，局外人是难以理解的。近年来，广大的兰友们更是渴望能有一部从科学和艺术上对国兰名品及其变异给以系统的介绍、解释和品评的论著面世。为此，作者不揣冒昧，勉力为之，谨以此书献给兰界的朋友们！

刘仲健　徐公明

2000年2月28日

PREFACE

An attempt is made in the present work to introduce and appraise rare-flowered cymbidiums, traditionally well-known orchids in China. Cymbidiums, especially terrestrial ones, are named "guo lan"(national orchids) by many Chinese. This is not only because China is rich in this kind of orchids and has a long history of their cultivation, but also there are a large number of orchid lovers and amateurs in this country.

The appreciation of cymbidiums in China is closely linked with its aesthetic tradition. Many people have considered it to be a symbol of elegance and loyalty that cymbidiums look quiet and clean in colour and gentle and graceful in appearance. The literary scholars, calligraphers and painters left behind since ancient times a lot of poetry, calligraphy and paintings with strong feeling for the beauty of these orchids. Obviously the cultivation and appreciation of cymbidiums do not confine themselves merely to facts as they are, but have merged into Chinese culture of long standing and well established, and have become a component or branch of it, which we call "orchid culture".

Today the orchid culture is developing to a deeper extent in China due to rapid development of domestic economy. Increasingly, people are keen on appreciation of cymbidiums, including their unusual variation, for example, from colour, shape and style of the flowers to the number and appearance of the perianth segments and column. Elegant names are given to almost all rare cultivars of cymbidiums selected, such as tao-ji (peach concubine), cai-die (colourful butterfly) and lu-yun (green cloud). Their prices sound surprising, usually up to tens to hundreds of thousand yuan for each plant, typical examples being da-mo (Bodhidharma) and qi-yi-shui-jin (wonderful crystal). The majority of orchid lovers always cherish and seek for these kinds of cymbidiums indefatigably, just like they treating valuable antigues. This seems to be a peculiar phenomenon that would not be understood by outsiders. Recently the orchid lovers in China even desired to have a reference book published, in which the rare-flowered cultivars of cymbidiums and their variation would be introduced, explained and valued systematically, aesthetically and scientifically. For this purpose the present work is tentatively written. It would be presumptuous of the writers to present it to their orchid friends.

Liu Zhong-jian & Xu Gong-ming

Feb. 28, 2000

目录 CONTENTS

目录 CONTENTS

我国对兰花的欣赏是从兰株的花朵开始而逐渐发展起来的。从文化的角度可以追溯到春秋战国时期。在《琴操·猗兰操》中曾记载，孔子自卫国返回鲁国途中，在隐谷之中见香兰独自怒放，感慨万千："夫兰当为王者香草"。因此，在《孔子家语》中有"芝兰生于深林（幽谷），不以无人而不芳"，并有"与善人居，如入芝兰之室，久而不闻其香，而与之俱化"之句。当然，经考证，孔夫子所赞叹的兰与现代的兰是有所区别的。然而，孔子把兰比作君子而奠定中国兰的文化根基，在许多方面是得到认同的。从另一方面看，可以肯定的是，中国兰花的人格化及其欣赏是从兰花的开花状态开始的，并逐步衍生出一整套的兰花欣赏艺术。因此，研究国兰的奇花，必须从了解国兰的花的基本构造开始。

国兰的兰株在营养器官充分生长的基础上，在适宜的外界条件，比如温度、光照、生长基质含水量及矿质营养等共同作用下，促使兰株分化出生殖器官——花。生殖器官的出现是兰株个体发育上一个巨大的转变。

国兰的生殖器官着生于花葶上。花葶又称花茎、花莛或花莒等。花葶在正常的情况下从假鳞茎的基部或侧面的叶甲（叶鞘）内穿出，多为直立，也有下垂或外弯的，一般由下部的花序柄和上部的花序组成。

花序通常为总状，由花序轴、花秆（梗）、苞片及花朵组成。

第一章

花朵的构成和花艺的传统分类

一、花朵的构成及正常形态

国兰的花朵由3片萼片、2片花瓣、1片唇瓣、1个蕊柱、1个子房以及花梗及其外侧的苞片组成（图1-1-1）。

苞片 俗称“箨”或小苞衣，是变态的叶。苞片生于花序轴的节上，位于花梗基部的外侧，花朵通常生于其腋内，故又称花苞片。

萼片 指花朵的外轮花被片。正常国兰花朵的萼片由1片中萼片和2片侧萼片组成。

中萼片 又称背萼片，在兰界的商业术语中称为“主瓣”，是指三片萼片中间的1片萼片，其形态通常为披针形至狭椭圆形。

侧萼片 通常称为“副瓣”，指中萼片两侧的2片萼片，其形态通常与中萼片相似。

花瓣 俗称“捧心”，是花朵内轮花被片中的左右两片，其形态亦与萼片相似，但常较短而宽。

唇瓣 通常称为“舌”，是由花朵内轮花被片中央的1片花瓣变态而成。唇瓣由于中部缢缩而分为上下两部分或3裂而由侧裂片与中裂片组成。靠近基部的那部分称下唇或称唇盘与侧裂片，俗称为“腮”或“裙边”；靠顶端的那部分称为上唇或中裂片，俗称为“舌”。唇瓣上面具有纵向延伸的薄片状或薄脊状组织称为褶片。

蕊柱 雌雄蕊融合而成的柱状器官，俗称为“鼻头”，上面通常只有1枚雄蕊和1个柱头。雄蕊中产生花粉的部分称为花药。

子房 位于花朵下方，是国兰形成果实、产生种子的器官。国兰的果实为蒴果，内含数万粒种子。种子细小如尘，仅具胚而没有胚乳。由于其不含营养物质，在自然

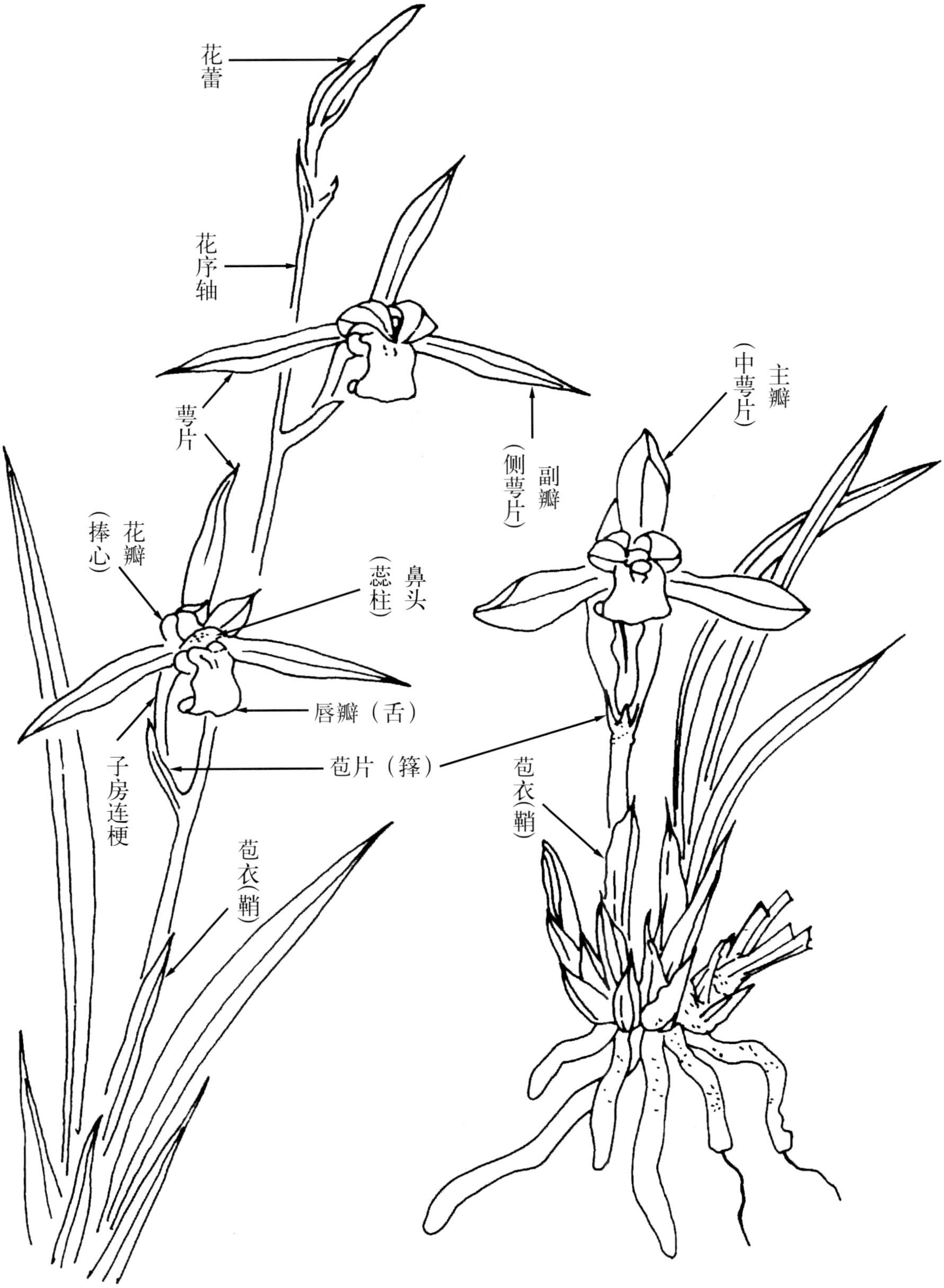

图 1-1-1　　国兰的花朵各部位名称

条件下，只有极少的种子能萌发而形成“龙根”，并要经过一个艰难的历程才长成新植株（图1-1-2）。

二、萼片的形态及其展姿

萼片在植物形态学上通常被描述为披针形、卵状披针形、狭椭圆形等等，以示其种间的区别。而在国兰欣赏艺术方面，尤其是在国兰的花艺方面，往往将萼片分成以下几种形态：

竹叶瓣　萼片的形状如竹子的叶片，细长尖锐，又称柳叶瓣（图1-2-1）。

豆瓣　萼片的形态如豆瓣，亦即豆的胚乳（半片）的形状，其尾端钝圆，质感厚实。云南产的线叶春兰（*Cymbidium goeringii* var. *serratum*）的品种“豆瓣兰”就是以其萼片的形态如豆而称之（图1-2-2）。

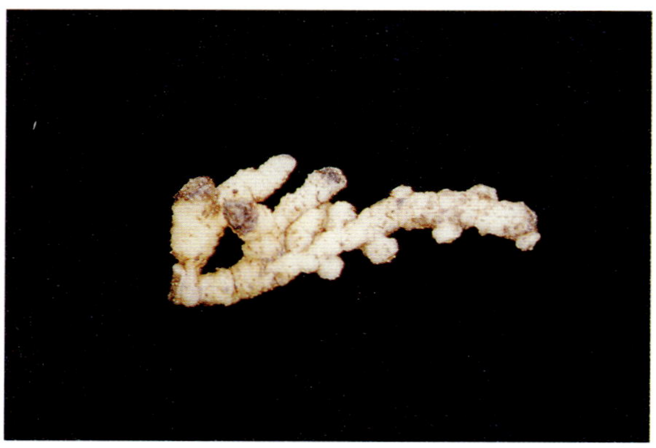

图1-1-2　龙根

图1-2-1　竹叶瓣

图1-2-2　豆瓣

莲瓣 萼片的形态为宽披针形，形态如莲花的花瓣，萼片渐尖，中部较宽。莲瓣兰就是据此而命名；春剑（*C. longibracteatum*）大多数的花的萼片也较为接近莲瓣状（图 1-2-3）。

水仙瓣 萼片稍宽阔如水仙花瓣者称为水仙瓣（图 1-2-4）。

荷花瓣 萼片的形状如荷花的花瓣，萼片尾端圆钝收脚者称为荷花瓣（图 1-2-5）。

梅瓣 萼片圆阔，尾端无刺针，形似梅花的花瓣而称为梅瓣（图 1-2-6）。

图 1-2-3 莲瓣

图 1-2-5 荷花瓣

图 1-2-4 水仙瓣

图 1-2-6 梅瓣

从侧萼片伸展姿态的不同可分为:

平肩　两侧萼片伸展后，两者的侧面近似处于一平面上，其萼片的中心连线呈水平线状态，故又称“一字肩”。在国兰的传统花艺的欣赏标准中属于上品（图1-2-7)。

微落肩　萼片舒展后，两侧萼片的中心连线交叉成一定的钝角，即两侧萼片稍微下垂。虽然两侧萼片的侧面可能接近处于一个平面上，但其欣赏价值也稍为逊色（图1-2-8)。

大落肩　萼片舒展后，两侧萼片下垂的幅度较大，萼片的中心连线交叉构成的角度较小，甚至为锐角。如果没有其他条件的配合，欣赏价值较低（图1-2-9)。

飞肩　两侧萼片向上飞出，其萼片侧面不处于一平面上（图1-2-10)。

图1-2-7　平肩

图1-2-8　微落肩

图1-2-9　大落肩

图1-2-10　飞肩

从萼片着生姿态及其伸展姿态的不同可分为:

折鹤　中萼片的前端部分向内弯曲，形似鹤形（图1-2-11）。

三角　中萼片与两侧萼片呈正三角形（图1-2-12）。

着根结圆　3片萼片基部（俗称“着根”）集结成圆球形（图1-2-13）。

福禄寿　由两侧萼片的基部附近下垂而形成的形状（图1-2-14）。

图1-2-11　折鹤

图1-2-12　三角

图1-2-13　着根结圆

图1-2-14　福禄寿

收根　自萼片的中部向基部逐渐收狭（图 1-2-15）。

放角　自萼片的中部向前端增宽，在靠近萼片前沿又逐渐收缩，且向内微卷，使瓣端呈兜状。放角与收根的形态往往是相互联系的（图 1-2-16）。

紧边　萼片的每片的边缘向内呈微卷状，使萼片给人以加厚的感觉。梅瓣的紧边最为突出，所以其质感最为明显（图 1-2-17）。

拱抱　两侧萼片的前端起兜，相向呈张臂搂抱姿态（图 1-2-18）。

图 1-2-15　收根

图 1-2-16　放角

图 1-2-17　紧边

图 1-2-18　拱抱

飘皱　萼片的生长出现波纹，产生皱缩而呈不平整的状态（图 1-2-19）。

翻卷　萼片向子房方向翻卷。中萼片或侧萼片均会出现这种姿态，通常它们既可以单独出现又会同时出现（图 1-2-20）。

此外根据中萼片的伸展姿态尚有“昂首呈上盖状”、“正面直挺”、“中萼片紧盖着花瓣”（俗称“盖帽”）、“歪头斜偏”等。

图 1-2-19　飘皱

图 1-2-20　翻卷

三、花瓣的形态及其展姿

花瓣又称为捧心，其形态为披针形至其他形状，不同种类因其宽窄钝尖不同而有所区别。在传统的花艺欣赏中可分为：

蚕蛾捧　花瓣质厚起兜，瓣尖钝圆或有“白峰”，形状像蚕蛾。其实这是花瓣雄蕊化的结果，在下面将再作详细论述。根据这种花瓣起兜的程度可分为硬兜、半硬兜和软兜。蚕蛾捧是梅瓣的分类特征依据（图 1-3-1）。

图 1-3-1　蚕蛾捧

图 1-3-2　观音捧

观音捧　花瓣质厚起兜，瓣尖钝圆或具“白峰”，比蚕蛾捧显得长些，形状像观音菩萨帽沿前端的兜形，常见于水仙瓣。这一瓣形也是花瓣雄蕊化所致，其“白峰”是花粉粒出现的结果（图 1-3-2）。

图 1-3-4　蒲扇捧

图 1-3-3　短圆捧

短圆捧　花瓣短而圆，瓣端不及蚕蛾捧兜得厚实，但背面弧曲较大（图 1-3-3）。

蒲扇捧　花瓣短圆，与短圆捧接近，其区别就是花瓣背面弧形比短圆捧小，形似蒲扇（图 1-3-4）。

蚌壳捧　每片花瓣像张开的蚌壳，花瓣内面中部内凹，背面隆起呈驼曲状态。在荷瓣的花艺中蚌壳捧较常见（图 1-3-5）。

剪刀捧　花瓣形态似剪刀状，比蚌壳捧要狭窄些（图 1-3-6）。

猫耳捧　花瓣的前端向后或向上翻卷，状似猫耳。通常在向上翻卷的花瓣上面具有与唇瓣相似的色斑，这是花瓣唇瓣化的一种类型（图 1-3-7）。

罄口捧　花瓣前端无兜，瓣尖微呈罄口状（图 1-3-8）。

图 1-3-5　蚌壳捧

图 1-3-6　剪刀捧

图 1-3-7　猫耳捧

图 1-3-8　罄口捧

图 1-3-9　耳挖棒

耳挖棒　花瓣短圆无兜，比“短圆棒”显得小些，形似耳挖（图 1-3-9）。

豆挖棒　花瓣厚实而端圆，有兜，形似蚕豆壳一端的形态（图 1-3-10）。

金豆棒　花瓣与蕊柱粘合为一体。这是由于花瓣出现蕊柱化或雄蕊化的程度不同所致（图 1-3-11）。

由于花瓣着生的姿态不同，使有的花瓣相互分离，有的部分粘连。根据花瓣与蕊柱、唇瓣之间出现不同程度的粘连，其粘连状态可分为:

图 1-3-10　豆挖棒

图 1-3-11　金豆棒

五瓣分窠　两片花瓣分离着生，形成以三片萼片与二片花瓣“分窠”的状态（图1-3-12）。

分头合背　两片花瓣瓣尖部分互相分离，而自花瓣中部至基部联结为一道，形成“端分根合”的分头合背。出现这种情况与兰株的营养生长有关（图1-3-13）。

连肩合背　不仅花瓣粘合生长在一起，而且与蕊柱、唇瓣粘连生长在一起而形成整体。其实这种状况是由于花瓣和唇瓣蕊柱化或雄蕊化所致（图1-3-14）。

这些粘连的状况，是国兰畸变的欣赏艺术的一个方面，留后再作详细介绍。

图1-3-12　五瓣分窠

图1-3-13　分头合背

图1-3-14　连肩合背

四、唇瓣的形态及其展姿

兰科植物与其他单子叶植物花构造的不同之处,除蕊柱外在于兰科植物的花瓣中有一片变成了形态特殊的唇瓣。兰属植物花朵的唇瓣通常位于花的下方,与花瓣呈轮状排列围绕蕊柱。

唇瓣按其形状,在国兰的奇花艺术中可分为:

刘海舌 唇瓣(舌)形状圆正,舌端微朝上翘而起兜,形似“刘海”。这种刘海舌的形态在梅瓣中居多,有大、中、小之分。“西神梅”为大刘海舌(图1-4-1),“宋梅”为中刘海舌(图1-4-2),而“集圆”则属于小刘海舌(图1-4-3)。

如意舌 舌前端上翘起兜,比刘海舌略小且稍尖;舌形颇似玉雕工艺品“如意头”状。在梅瓣花中如意舌居多,亦有大、中、小之分(图1-4-4)。

图1-4-1 大刘海舌

图1-4-2 中刘海舌

图1-4-3 小刘海舌

图1-4-4 如意舌

图 1-4-5　圆舌

图 1-4-6　大铺舌

图 1-4-7　大卷舌

图 1-4-8　龙吞舌

图 1-4-9 柿子舌

圆舌　唇瓣前端圆正，比刘海舌稍大些，并稍微下倾（刘海舌朝上），有时微卷，也有大、中、小之分。一般认为水仙瓣中圆舌居多（图 1-4-5）。

大铺舌　舌形比大圆舌稍大且长，并呈下拖状，盛开后稍微向下卷曲（图 1-4-6）。

大卷舌　唇瓣长且向下翻卷，在蕙兰中居多，如金岙素（泰素）即为大卷舌（图 1-4-7）。

龙吞舌　舌硬且不舒展，舌尖前缘内凹且略呈兜状（图 1-4-8）。

柿子舌　舌形似柿子状（图 1-4-9）。

方缺舌　唇瓣前端呈方形，在舌尖中央则内凹或呈微缺状（图1-4-10）。

执圭舌　舌形头尖底方，像古代帝王诸侯举行礼仪时群臣所执的玉器（图1-4-11）。

唇瓣的这些的形态及展姿是国兰唇瓣的形态异化的结果，也是国兰花艺欣赏内容之一。

图1-4-10　方缺舌

五、奇花艺术的传统分类

奇花艺术的传统分类，始于江浙一带，已形成较为全面的瓣型理论。它们具体内容如下：

荷瓣　荷瓣必须具备以下特征：

（1）外三瓣宽阔，瓣质厚实，形似荷花的花瓣；长与宽的比例一般不超过2：1。（2）捧瓣短圆，不起兜，无"白峰"，以蚌壳捧与短圆捧为佳，剪刀捧次之；捧瓣狭长向外翻就算不上真正的荷瓣了。（3）唇瓣必须圆正、丰满、舒展，有时微卷。以大圆舌、大刘海舌为佳（图1-5-1）。而方缺舌、吊舌、柿子舌等，是不符合荷瓣要求的。

图1-4-11　执圭舌

图1-5-1　荷瓣

梅瓣　梅瓣应具备这样的特征：（1）外三瓣短圆，有的瓣端有尖峰，稍向内起兜而呈汤匙形，形似梅花的花瓣，并要求紧边、收根、平肩，假若外三瓣“长脚圆头”，只要捧瓣与唇瓣符合梅瓣要求也应归类于梅瓣，均以“短圆”为优。（2）捧瓣短圆起兜，瓣端有“白头”（缺此不行），紧边，使捧瓣有增厚感；有硬兜与软兜两种，以蚕蛾兜捧心为最佳，不起兜者称不上梅瓣。（3）唇瓣短圆、舒直不向后卷。以刘海舌、如意舌为优（图1-5-2）。

水仙瓣　水仙瓣亦可概括为三个方面的特征：（1）外三瓣一般比梅瓣狭长些（西神梅例外），以“长脚”居多，且瓣端稍尖，并要收根放角。（2）捧瓣起兜或轻兜，以观音捧与蒲扇捧为优。（3）唇瓣下垂或微卷，普遍比梅瓣的唇瓣要大些，以大圆舌居多（图1-5-3）。

图1-5-2　梅瓣

图1-5-3　水仙瓣

在水仙瓣中，有时也会开出梅形水仙或荷形水仙。

梅形水仙——西神梅在梅形水仙中具有相当的代表性。它外三瓣头圆，近似梅瓣，主瓣收根紧（比副瓣明显）；捧瓣有轻兜或微兜（兜的厚实程度比不上梅瓣）；唇瓣为大刘海舌或大圆舌，比梅瓣的舌要长些（图1-5-4）。

图1-5-4　梅形水仙

荷形水仙——外三瓣较宽阔，近似荷瓣；捧瓣有轻兜或微兜（荷瓣无兜）；唇瓣下垂，松驰舒直，有时亦微卷。龙字为荷形水仙之冠（图 1-5-5）。

素心　素心是与彩心相比较而存在。凡舌面无朱点者都称为素心（图 1-5-6）。按唇瓣的苔色可分为白苔素、绿苔素、黄苔素、桃腮素（唇瓣侧裂片上有红晕）（图 1-5-7）、刺毛素（舌苔上有隐隐约约的细微红晕）。春兰以白苔素为贵，蕙兰则以绿苔素为优。按花的苞衣壳（鞘）又可将素心分成绿壳素、赤壳素与麻壳素。其中以绿壳素较常见。按瓣型素心可分成：梅瓣素、水仙素、荷形水仙素、荷形素、素心荷瓣、素心蝶瓣等。

图 1-5-5　荷形水仙

奇种　兰花正常的花朵由内轮（含舌）、外轮各三瓣（合计六瓣）再加处于中心部位的蕊柱构成。凡发生变异，与此正常形态不同，或呈现多瓣，或发生蝶化现象，统称为奇种。奇种又可分为多瓣型、蝴蝶型与多瓣蝴蝶型：

（1）多瓣型　外轮三瓣或内轮三瓣发生瓣的数量增多的变异（图 1-5-8）。

图 1-5-6　素心

图 1-5-7　桃腮素

（2）蝴蝶型　瓣的数量未有增减，而外轮副瓣或内轮捧瓣发生唇瓣化（即蝶化）的变异，其演变的部位由绿变白，并缀有艳丽的红色斑块。又可分内蝶与外蝶两类：

内蝶　内轮捧瓣发生唇瓣化变异（图 1-5-9）。

外蝶　外轮副瓣发生唇瓣化变异（图 1-5-10）。

（3）多瓣蝴蝶型　既发生多瓣化又出现蝶化的变异（图 1-5-11）。

以上的介绍主要是遵循江浙一带的兰花瓣型分类，有关萼片的形态则是从植物形态学方面作相应的说明与描述，花瓣、唇瓣以及奇花艺术除了赋予它们的植物形态的特征外，已经在人文、文化内涵方面作出了渲染，在相当的程度上人格化了。

图 1-5-8　多瓣型

图 1-5-9　内蝶

图 1-5-10　外蝶

图 1-5-11　多瓣蝴蝶型

第二章

国兰花朵的奇异艺术

第一章所论述的是关于兰花的花朵的一般形态及传统的国兰艺术对国兰花艺的一些瓣形的系统化分类。其实，以植物学的理论为基准，对国兰花朵的奇异化的性状作出较为准确的描述，对于丰富中国传统的国兰瓣形学说具有生物学意义。

第一节 国兰花朵的奇异艺术的遗传学理论基础

遗传学中把生物体所表现的形态特征和生理特征，统称为性状（character）。把植株所表现的性状总体区分为各个单位，这样区分开来的性状，称为单位性状(unit character)。如兰株的株高、花序、花色就是不同的单位性状。不同个体在单位性状上常有着各种不同的表现，如瓣形不同等。遗传学中把同一单位性状的相对差异，称为相对性状(contrasting character)。国兰在有性繁殖中生成了新的植株，这些植株有可能出现了单位性状具有明显的相对差异的情况。

生物性状的遗传和变异都是由遗传物质控制的，即通常所说的基因。基因存在于染色体上，染色体主要是由核酸与蛋白质构成。其中，核酸主要是脱氧核糖核酸（DNA），乃是主要的遗传物质，具有在活体内自我复制的能力。遗传信息从DNA→mRNA（信使核糖核酸）→蛋白质的转录和翻译的过程，以及遗传信息从DNA→DNA的复制过程，这个蛋白质合成过程就是分子生物学的中心法则（central dogma）。中心法则所阐述的是基因的两个基本属性：自我复制和蛋白质合成。在生物的个体发育过程中，基因一旦处于活化状态，就将它携带的遗传密码，通过mRNA的转录与翻译，形成特异的蛋白质。大部分遗传性状都是直接或间接通过蛋白质表现出来的。

从细胞水平上理解，基因相当于染色体上的一点，称为位点（locus）。从分子水平上看，一个位点还可以分成许多亚单位，称为座位（site）。一个碱基发生改变，就可能产生一个突变。突变是基因内不同座位的改变。

与核基因一样，细胞质基因也能决定生物某些性状的表现和遗传。细胞质内的遗传物质主要存在于线粒体、叶绿体、质体等细胞器中。这些细胞器是细胞所固有的正常细胞结构，它们在细胞内执行一定的代谢功能，是细胞生存不可缺少的部分。此外，在细胞质中还有另一类被称为附加体（episome）和共生体（symbiont）等遗传物质。

它们是细胞的非固定成分，亦即不是细胞生存不可缺少的成分，但也能影响细胞的代谢活动。这些细胞器和细胞质颗粒中的遗传物质称为细胞质基因（plasmou）。

卵细胞内除细胞核外，还有大量的细胞质及其所含的细胞器；精子内除细胞核外，没有或极少细胞质，因而也就没有或极少各种细胞器。所以在受精过程中，卵细胞不仅为子代提供全部核基因，也为子代提供全部细胞质基因；而精子则仅能为子代提供全部核基因，不能或很少能为子代提供细胞质基因。因此，一切受细胞质基因所决定的性状，只能通过卵细胞遗传给子代，而不能通过精子遗传给子代。

凡是由细胞质基因决定的性状，都会表现出以下的遗传特点：

1. 正交和反交的遗传表现不同，某性状只在表现于母本时才遗传给子代，故细胞质遗传又称为母性遗传（maternal inheritance）；而由核基因所决定的性状，正交和反交的遗传表现是完全一致的，因为杂交形成的合子核的遗传物质完全是由雌核和雄核共同提供的。

2. 通过连续回交能把母本的核基因全部置换掉，但母本的细胞质基因及其控制的性状仍不消失。

3. 由附加体或共生体决定的性状，其表现往往类似病毒的转导或感染。

在细胞质遗传中比较常见的是叶绿体所控制的花斑性状的遗传。线粒体的变异也能引起某些性状的变异。

细胞质DNA虽然在分子大小和组成上与核DNA有某些区别，但是它们作为一种遗传物质，一般认为在结构上和功能上与核DNA有很多相同之点：细胞质DNA与核DNA都是按半保存方式进行自我复制，并且通过转录合成mRNA，最终mRNA在核糖体上合成蛋白质。细胞质DNA都能发生突变，并且把发生的变异稳定地传给后代，除了天然发生的变异以外，一切能引起核基因突变的因素，也都能诱发细胞质基因发生变异。例如，用紫外线可以引起叶绿体的白化突变，白化后的叶绿体能继续增殖，但是失去了绿色的特性。此外，由于细胞质DNA的载体及其所在位置与核DNA不同，因此它们在传递、分配等方面又与核内DNA有不同之点：

1. 在人工诱变条件下，细胞质DNA特别是线粒体的突变率显著提高，而且诱发的突变有明显的专一性。

2. 细胞质DNA不能通过雄配子传递。因此在正常杂交的情况下，细胞质基因有差异的个体间很难通过杂交来断定这些基因在其载体上的位置。

3. 胞质基因的分配和传递规律与核基因不同。已知核基因位于染色体上，能均等地分裂，并进行有规律的分离和配对，保持其世代间的恒定性。在胞质基因中除了个别游离基因有时能与染色体进行同步分裂外，绝大多数胞质基因由于其载体的特点与染色体不同，不能像核基因那样有规律地分离和重组。例如，质体、线粒体等细胞器都是胞质基因的载体，它们都能进行分裂繁殖；但是经过分裂后的细胞器在细胞分裂时并不是对等地分别进入子细胞。因此细胞器在细胞间分布并不均匀。当正常质体与变异质体共存于一个细胞中时，由于这两种质体的不均等分配，从这种细胞发育成的组织将出现镶嵌现象。一部分组织中只含有正常质体，另一部分组织只含有变异质体，还有一部分组织的细胞中含有混合的质体。植物中许多花斑镶嵌现象就是由此引起的。国兰的线艺现象就是如此。花朵中的唇瓣上的色块也应该属于这种类型。

4. 某些细胞质基因具有感染性。如细胞质中的σ粒子，它具有遗传物质的一切特性，同时它有类似病毒的作用，能够通过接合和接触而传染，这就是某些感染性的细胞质遗传现象的物质基础。

与核基因相比，细胞质基因的数量较少，由这些基因所决定的遗传性状也较少。有些看来是由细胞质基因决定的变异，实际上也是在核基因作用下发生的。例如，玉米第七染色体上有一对 ijij 基因能够引起细胞质基因发生不可逆的变异，使植株出现白绿相间的条纹叶，类似国兰叶的线艺现象。这个事实说明，细胞质基因仅有相对的自主性，它在很大程度上受到核基因的控制。

核基因除了能引起细胞质基因的变异，维持细胞质基因的存在以外，核基因与胞质基因还能共同控制某些性状的表现，二者在性状的表现上常具有相互调节的作用。这方面一个突出的例证就是线粒体的形成。已知线粒体是一个极其复杂的细胞器，其中包含各种复杂的蛋白质和酶系统。但线粒体本身仅含有极少量的DNA。依靠这少量DNA所携带的遗传信息，不能建成如此复杂的细胞器。试验结果发现，线粒体本身的大部分蛋白质是依靠细胞核基因的密码，在细胞质核糖体上合成的，而仅有少量的蛋白质由线粒体本身的DNA所决定。试验还发现，当线粒体DNA控制蛋白质合成时，核DNA信息的传递受到抑制；当线粒体DNA受到抑制时，核DNA的活动就能畅达。

由上述可知，在遗传信息的传递和表达上，细胞质基因与核基因是相互依赖、相互联系和相互制约的，两者常常是通过共同的作用，来实现遗传信息的传递和表达。因此细胞质基因与核基因不是各自孤立的，而是彼此不可缺少的一个统一的整体。细胞质虽然有自己独立的遗传体系，但是与核基因相比，它所拥有的遗传信息是比较少的，遗传功能也是不完备的，在很大程度上要接受核基因的控制，并与核基因共同作用。因此，在生命的全部遗传体系中，核基因是居于主导的和支配的地位。

国兰的奇花艺术是以花朵的异化为前提，而花朵的异化规律是源于上面所论述的植物细胞遗传的理论基础。究竟国兰的花朵的异化受控于细胞的细胞核还是细胞质的质体抑或两者共同调控，目前尚未有一个全面的验证。其过程也相当复杂。本来植物的生殖器官在植物分类学上被认为是一个稳定而又最有代表性的性状的，理应是细胞核所控制的。然而，据我们的观察表明，国兰的花朵等生殖器官个体间相去甚远。因此，被认为是单基因控制或DNA复制方式的不同所致，或是还存在尚未可知的DNA的复制方式。由于国兰无论是叶面的线艺或花朵甚至是株型均充满了变异，这种结果的合理解释可能是其DNA的单链复制。因为单链复制是较为容易产生变异的。对此，我们正在作进一步的研究.

第二节 国兰奇花的异化形式

究竟国兰的奇花具有哪几种艺术形式？我们可以从其花朵的萼片、花瓣、唇瓣、蕊柱、子房、花梗甚至整个花序的异化可看出其“奇”的艺术。加上前面所述的传统瓣形艺术，更是千变万化、千奇百态了，具体叙述如下:

一、国兰萼片的奇异化

国兰的萼片是花朵的第一层或外轮花被片，其异化有多种形式:

1. 萼片的唇瓣化

萼片的唇瓣化是指萼片由正常的形状异化成与唇瓣相同的形状。正常的国兰花朵具有三片萼片，它们均有产生唇瓣化的现象，其唇瓣化的位置不同及程度的差异会产生不同的艺术效果。常见的异化形式有:

半唇瓣化　萼片只有纵向的一侧唇瓣化，而另一侧保持原来的形状(图2-1-1)。这种形态多见于二个侧萼片。由于二个侧萼片的半唇瓣化具有镜性对称，加之与同花的唇瓣相配合，形态像蝴蝶，故俗称蝶瓣。由于“蝶化”的程度不同，其效果也不一样。半唇瓣化也产生于中萼片，但比较少见。后者可以与侧萼片的半唇瓣化形成镜性对性。也就是说，萼片的半唇瓣化可以发生于萼片的任何一半，既有一个萼片半唇瓣化，也有二个甚至三个均产生半唇瓣化的变异。所以“蝴蝶”有多种形态，但较为多见的是二个侧萼片内侧同时半唇瓣化。这种蝶花艺术也是国兰艺术中较值得欣赏的。

图2-1-1　花溪荷蝶

全唇瓣化　萼片完全异化成与唇瓣形状相同的现象称为萼片全唇瓣化（图2–1–2）。这种全唇瓣化的现象多数与花瓣全唇瓣化的现象同时存在。但在理论上，应该有单独一个萼片完全唇瓣化的情况存在的。通常二个侧萼片完全唇瓣化的出现频率较高。单一萼片全唇瓣化在一个花序中的某一朵花中较容易产生，甚至在任何一个萼片中都出现过，但在整个花序中的每朵花中均出现相同的情况并且得到稳定遗传的并不多见。理论上应该存在这种异化，甚至自然中已存在这种异化或者在国兰进化中某一阶段曾出现过这种异化。

不完全唇瓣化　这里所谓的不完全唇瓣化是指萼片的唇瓣化在唇瓣的纵向程度不及唇瓣的一半，或在横向程度未及唇瓣的褶片即俗称"腮"的位置（图2–1–3）。在萼片半唇瓣化方面表现在萼片上只有唇瓣化的组织形状，且不及萼片的一半，甚至在萼片一侧仅出现轻微的唇瓣化，即蝶化而无蝶裙，在萼片的基部没有出现唇瓣的下半部形状。也就是说只在萼片的前半部异化了唇瓣的上唇部分，而没有完全异化下唇即"腮"的形状。

图2–1–2　春兰奇蝶

图2–1–3　舞蝶

萼片不完全唇瓣化的现象在国兰多花性的花序中，通常靠近基部的花朵的程度较重，越往上的花朵程度越轻，甚至到最后萼片唇瓣化不再出现了，花朵保持了正常的形状。这种现象称为“漏蝶”（图2-1-4）。

图 2-1-4　纹蝶

“漏蝶”的稳定性较差，欣赏价值也较低。这种现象无论在纵向唇瓣化或横向唇瓣化方面均有相同的趋势。为什么会出现这种现象呢？从理论上说，这种基因在这个花序上得到表达，按道理应该在这个花序上的每一个花朵均得到表达，却反而有规律地逐渐消失了。这有点像构筑这现象的材料就那么多，实行“先到先得”，后来者没有了。这从细胞核或细胞质的质体遗传的理论均无法解释这种现象。这种有限度或渐减式的遗传，由于其无性世代的总体现象不会消失，所以说应该是细胞核遗传。细胞核遗传应该在每一个花朵中均能得到表现，而实际上与理论不相符，似乎可以解释为细胞不具全能性，其DNA不具有半保留复制形式，或是DNA在复制过程具有自动有规律地裁减，即DNA具有少于一半保留复制形式，直接导致细胞不具全能性。

2. 花瓣唇瓣化

花瓣的唇瓣化即俗称捧心唇瓣化或捧心舌化，亦即花瓣异化成唇瓣一样的形状。由于两片花瓣的唇瓣化的位置及其唇瓣化的程度不一，一般具以下几种形式：

图 2-1-5　新品种

半唇瓣化　这种唇瓣化俗称为“捧心蝶”（图2-1-5）。主要是在花瓣向唇瓣异化时，只在花瓣的纵向一半异化成唇瓣纵向一半的形式。这种半唇瓣化的形式表现在花瓣上一般以镜性对称的形式出现，由于其出现的部位不同，产生了上半唇瓣化和下半唇瓣化两种形式。上半唇瓣化是指花瓣近中萼片一侧半唇瓣化，近唇瓣一侧保持原有花瓣的形态，如四川出产的春兰品种“川麒麟”（图 2-1-6）就是花瓣上半唇瓣化，整个半唇瓣化的形态清楚外露。下半唇瓣化是指花瓣近唇瓣一侧的纵向

图 2-1-6　川麒麟

一半唇瓣化，近中萼片一侧保持原花瓣的形态。由于其半唇瓣化靠近唇瓣，与唇瓣整体配合较为紧凑。但半唇化的花瓣的唇瓣化程度较大时，往往导致花瓣向后反卷，似“三舌”的形式。

完全唇瓣化　这种唇瓣化的形式称为捧心舌化。主要是由于花瓣异化成与唇瓣完全一样的形状。异化的花瓣变成具有上唇、下唇及纵向褶片等唇瓣特征，甚至异化的花瓣上也具有与唇瓣一样的颜色和斑纹。在外观上，三舌鼎立，具有相当高的艺术欣赏价值，如四季兰“三星蝶”（图 2-1-7）。

在许多情况下，完全唇瓣化的大致规律是：靠近花序基部的花瓣唇瓣化比较完全，往顶部的花朵其唇瓣化的程度有时会逐渐减弱，甚至到最后的花朵其花瓣只具有唇瓣化的大致外形，而最具特征的下唇则不甚明显，即唇瓣化的花瓣上并不具“腮”或“蝶裙”。

花瓣完全唇瓣化后，其伸展形式也与唇瓣形式相一致，唇瓣如意舌，唇瓣化花瓣也表现为如意舌，唇瓣为卷舌，花瓣唇瓣化后的形状也多为反卷，但有时其表现程度会稍有差异。

如果花瓣完全唇瓣化，在其花朵尚未张开时就可以发现，从萼片闭合的缝中即“凤眼”中可以看到。下唇的底部突出部分在“凤眼”中突出，使整个花苞较为饱满，三个方向的外观都很相似，较易辨认。

图 2-1-7　三星蝶

上唇瓣化　花瓣这种形式的唇瓣化主要是表现在花瓣的前半部分。唇瓣由于其中部缢缩而形成上唇和下唇，而花瓣唇瓣化时只是其上唇部分产生貌似唇瓣的异化，靠近基部的一半保持原来花瓣形式。在异化的上唇部分具有原花朵唇瓣的上唇特征，比如反卷的程度和唇瓣的色斑等也较为相似。一般情况下，这种唇瓣化花瓣的外观多为向后仰，形似猫耳，所以俗称为“猫耳捧心”（图 2-1-8）。

花瓣的上唇瓣化也称为“无蝶裙”或“无腮”舌化。但花瓣的下唇瓣化而保留花瓣的前半部原形似乎尚未有报道。所谓花瓣的下唇瓣化应当是花瓣完全唇瓣化了。这似乎表明其基因的排列中上唇的形式处于基因序列的上游，下唇的基因处于基因序列的下游。在表达方式上，上游的基因得到表达，下游的基因不一定得到表达，而下游的基因得到表达时，上游的基因一般都得到表达。这就是在花瓣的唇瓣化的形式上只有上唇瓣化而无独立的下唇瓣化形式的可能原因。而在前面描述的花瓣半唇瓣化现象中，其异化表现形式上也具同样的情况。

其实，在花瓣唇瓣化的形式上还可以根据唇瓣化的程度分为更多的类型，从花瓣的外缘或内缘向花瓣中心或从花瓣的顶部向花瓣基部等，其唇瓣化的程度从奇花艺术上看是一个渐进的系列形式。当然，前者不一定是按顺序进行的，有时从花瓣的中线上会异化出唇瓣构造组织的线纹，通常称为“漏蝶”者就是这种形式。由于在品种上是动态的，所以，以上的几种形式基本上可代表了花瓣唇瓣化的全貌，没有必要再继续分下去。若要再分下去的话，那是依据品种的特征作为代表形式，这也较为符合作为兰花艺术市场的流通的标志性特征。这些定性的特征便于交易时掌握，至于其量的程度也只有逐个品种去鉴别了。

图 2-1-8　新品种

图 2-1-9　新品种（三个鼻头）

3. 花瓣蕊柱化

花瓣蕊柱化在国兰的花艺中是比较常见的，如梅瓣、水仙瓣等就是花瓣蕊柱化的结果。花瓣蕊柱化有人称为花瓣雄蕊化。这主要是花瓣变成蕊柱的形状，甚至还有花粉粒，例如过去传统的“三个鼻头”（图 2-1-9）。由于蕊柱化的异化程度不一，一般可分为：

具花粉粒的蕊柱化　这种形式主要是花瓣中部组织加厚，边缘组织内收而近蕊柱形状，花瓣顶部向内加厚卷曲，甚至花瓣变短，顶端内收成兜状，在“兜”的顶部或内缘着生花粉粒。但到目前为止，这种具花粉粒的花瓣蕊柱化只是外形上向蕊柱的形式异化，尚未见到在功能及生理特征上与蕊柱相同，没有像花瓣唇瓣化那么完全彻底的异化，而是多少保留了花瓣原来的组织结构，无论是颜色或是条纹仍然具有花瓣的痕迹，其花粉团块也不像真正蕊柱上的花粉团块可以剥离，多数不能授精结出种子（图2-1-10）。

图 2-1-10　金鹤梅

这种具花粉粒的蕊柱化花瓣具有多种形式，是国兰，特别是传统的地生国兰的瓣形分类的主要依据。例如梅瓣，根据其异化的程度，在分类上就具有相当多的形式，如软兜和硬兜等形式，细分又可分出蚕蛾兜等。

图 2-1-11　小梅

当然，梅瓣的分类或梅瓣的标准，在江浙的兰花艺术中其条件、要求是有较为完整的准则的。花瓣蕊柱化是梅瓣不可缺少的条件，但花瓣蕊柱化在江浙的兰花的瓣形艺术中并不认为等同于梅瓣，即梅瓣一定要花瓣蕊柱化，花瓣蕊柱化不一定是梅瓣。例如，台湾的墨兰的“大梅”或“小梅”（图2-1-11）与江浙一带的“宋梅”虽然都称为“梅”，那只是由于两者均具花瓣蕊柱化，但它们的瓣形的形式相差甚远。前者只不过是“硬捧”，是不能列入传统的“梅瓣”的。前者讲究的是形式，后者讲究的除形式外，主要还是整体花朵的配合，即形神兼备。所以，在兰花的花朵的异化中提出花瓣蕊柱化是基于兰花的生物学原理，与国兰的花艺的瓣形学说是不同范畴的，虽然它们之间有相当的联系，但后者已掺入了相当多的人格化的东西。

从兰花的生物学角度来看，花瓣蕊柱化的程度也是不一样的，特别是花粉团块的异化及其着生位置也差异较大。由于着生位置的不一，导致蕊柱化的花瓣的形式或外部形态也千变万化，如质地有软硬之分，兜有深浅之分，手感有糯糙之分，外形有长短脚之分，等等。这就是国兰艺术的奥妙所在，致使中国兰花的品种划分层出不穷，并且不断推陈出新。但是，万变不离其宗，根本原因是花瓣蕊柱化了，梅瓣艺术也是从这里引伸出并不断发展的。

花瓣雄蕊化　这里讨论的是花瓣出现雄蕊某种特征的异化，它与花瓣蕊柱化是有所区别的。蕊柱化是花瓣整体向蕊柱的形式异化，而花瓣雄蕊化是在花瓣的顶端部分出现花粉团块或稍为向蕊柱顶端（花药位置）形式异化，其花粉团块只具初步形态或若隐若现甚至不出现。为此，其形式又分为具花粉粒的花瓣雄蕊化和不具花粉粒的花瓣雄蕊化。

在具花粉粒的雄蕊化花瓣中，其花瓣的组织、形态仍然保持原来的不变，不像花瓣蕊柱化那样花瓣组织质地形态均产生变化，只是其花瓣的顶端部分产生异化。在一般情况下，花瓣的瓣端由渐尖变为钝圆，由浅薄变为厚实，在加厚部分出现了界限不明显的、类似花粉团块的组织，俗称为“白头”。着生花粉团块的类似组织的加厚，可能形成了浅兜。一般的情况下“水仙瓣”就是具花粉粒的花瓣雄蕊化后产生的瓣形（图2-1-12）。

图 2-1-12　蔡仙素

在不具花粉粒的雄蕊化花瓣中，其形状更接近于原来花瓣的形态，而主要的异化是在花瓣的前端由尖细变为钝圆、宽阔并增厚。在一般情况下瓣缘不内收成兜，而且花粉团块不明显或仅具雏形。主要表现为有时颜色深浅不一，有时在异化的瓣端的两侧边缘出现一些类似花粉团块的组织，颜色为浅黄。多数的“水仙瓣”的花型属于这种不具花粉粒的花瓣雄蕊化后所出现的状况，甚至“荷瓣”的一些品种也属于这种不具花粉粒的、雄蕊化程度较轻的状况（图2-1-13）。当然，在传统的瓣形分类系统里面，判断兰花的花朵属于那种的类型，单凭花瓣的蕊柱化或雄蕊化与否是不够的，还要看造成这种异化后产生蕊柱化或雄蕊化的花瓣的形状，以及更重要的是要考虑萼片的形态，亦即考虑较多的是萼片的形态是否与异化后的花瓣的形态相一致。“梅瓣”、“水仙瓣”和“荷瓣”均采用这些条

图 2-1-13　新品种

件来确定其归属。萼片的形态与异化的花瓣的形态和谐协调，就会取得相得益彰的效果，这就是国兰艺术讲究神韵的症结所在。

值得一提的是，无论花瓣异化成蕊柱的形态抑或仅顶端雄蕊化，其异化程度如何，在瓣型艺术方面，还要考虑它们形态与原蕊柱的关系。就一般情况而言，花瓣蕊柱化形成了“兜”，围抱原蕊柱，有的完全将蕊柱的花粉团块罩住，有的在中缝中仅露出花粉团块的顶部，三者形成一个整体，加上花瓣的形状也产生变化，上唇变小并上翘形成龙吞舌向蕊柱靠近，使异化的两个花瓣与蕊柱的整体性更加强烈，例如福满梅（图 2-1-14）。

图 2-1-14　福满梅

花瓣完全蕊柱化　花瓣向蕊柱异化时，若程度进一步加深就会完全异化成蕊柱，如传统品种“翠桃”（图2-1-15），其花瓣完全蕊柱化，形成更为明显的两个蕊柱，连花粉团粉块也惟妙惟肖，而且异化成的两个蕊柱比原蕊柱的形状更为显目，形体更大，并将原蕊柱掩盖住，成为真正意义的三个“鼻头”。花瓣完全蕊柱化的花朵中，其唇瓣在多数情况表现为退化，在蕊柱的基部留有很少的片状组织或完全缺失，使花朵整体看到三个萼片和三个蕊柱靠近而成的柱状组织。有的花朵花瓣蕊柱化相当强烈，异化的蕊柱与原蕊柱粘连在一起，只是在表面留有一些痕迹，依稀可分辨出来自原花瓣的异化。在这一体化的蕊柱中仍然出现三个花粉团块。当然，这种粘连程度也并不是划一的，有的仅基部粘连，在顶端还可以分离，有的粘连在一起已不留痕迹，只是在蕊柱顶端生有分离的花粉团块而已。这种情况下，唇瓣多数已退化或缺失，而萼片形状也产生变形，其形状变得介乎于萼片和花瓣的形状的中间类型或者更为奇特怪异。

图 2-1-15　翠桃

由此可见，花瓣的蕊柱化或雄蕊化具体造就了国兰传统瓣型的多种形式。至于蕊柱化或雄蕊化的机理，或许是一种返祖现象，因为在有花植物中，花瓣和雄蕊（兰花蕊柱的形成也包括雄蕊）都是来自小孢子叶，小孢子叶在有花植物中又分化为萼片、花瓣和雄蕊。这种花瓣雄蕊化的现象也见于其他有花植物中，但在兰花中有其自身的特殊性。我们又正好利用这种特殊性作为国兰艺术的欣赏内容，那就真正是天公作美了。

4. 萼片数量增加的异化

国兰的花朵充满着变化，萼片数量的增多就是其中变化的内容之一。兰花的花朵通常具有三个萼片：一个中（主）萼片和二个侧（副）萼片。而萼片增多的异化中最常见的是与中萼片相对应的多了一个与之形态相一致的萼片。此新增萼片连同中萼片与两个侧萼片形成十字状分布的形态。其次，较常出现的异化是两个侧萼片与中萼片之间各多出一个与其他萼片形状一致的萼片。它们甚至与十字分布萼片同时出现，形成了三个萼片或更多萼片。这些萼片可分为两轮或多轮，呈轮状排列（图 2-1-16）。出现这种情况，往往还伴有其他方面的异化，比如多唇瓣的异化等，容后再详细论述。

图 2-1-16　百凤争喧

5. 唇瓣花瓣化的异化

唇瓣成为花瓣的异化是指国兰的花朵上的唇瓣变成花瓣。唇瓣由原来下唇及上唇组成的形态不复存在，取而代之的是在唇瓣着生的位置上长出了与花瓣形态、色泽、条纹、组织构造相一致的异化花瓣。

从系统进化的角度来看，兰花花朵的唇瓣的出现是为昆虫传粉准备的起降台，便于昆虫将花粉传播开去。这是生物进化的一大进步。而唇瓣异化为花瓣，应视为是一种返祖现象或是倒退现象。但从兰花的艺术角度去考虑，那就另当别论了。

唇瓣花瓣化只是花朵中的瓣形发生了改变，对于整个花序的生物学功能没有发生改变。据观察，其种子完全可以正常发育和传播开去。

由于唇瓣变成与花瓣一样，原来唇瓣的下垂、反卷的形态没有了。三个花瓣呈三角形着生，多数向前或向上生长，貌似一个“花蕊”的形状。这种没有“舌头”的花朵，在艺兰中流传也有相当的历史，比如建兰“素心”的品种“春仙素”（图2-1-17）就是这方面的一个代表性品种。这种唇瓣异化成花瓣的品种在春兰、墨兰、建兰中也较为常见。

另一种情况是，唇瓣异化为花瓣后，有时仍可能保持唇瓣的一些痕迹，比如下唇的褶片或多或少地在花瓣的相应位置产生一些脊线或小突起，但颜色与花瓣颜色相一致。

唇瓣异化为花瓣的花朵在未完全张开时也较容易辨认：在花蕾中与中萼片相对的位置上看不到外露的唇瓣的下唇的底部，颜色也不像唇瓣与花瓣颜色那样产生反差，花朵“排铃”时不容易产生扭转或伸展方向的改变。

图2-1-17　春仙素

6. 唇瓣萼片化

唇瓣除了异化为花瓣外，还有一种异化情形就是异化成为萼片。这种异化主要是在原唇瓣的位置上，着生了一片与中萼片形状、颜色相同的萼片。这异化的萼片一般与正常的萼片等长，但基部的形态可能有某种区别，一般基部较萼片宽阔，上面有一些纵向的小褶片，类似唇瓣上的褶片。在多数情况下，唇瓣异化成萼片，其蕊柱也产生相应的异化，如蕊柱异化成小型唇瓣或其他形状的组织，数量也较多，比如传统品种墨兰的“绿云”（图2-1-18）和“六凤”（图2-1-19）。这种异化的情况后面再作专门论述。

唇瓣异化为萼片的花型较为特别，整个花朵颜色较为和谐，在许多情况下为“素心”

图2-1-18　绿云（墨兰）

图2-1-19　六凤

花或单色花。由于“花以素为贵”的传统理念的驱使，这种花的欣赏价值一般也比较高。

一般说来，唇瓣异化为萼片，其异化的形态应该是萼片与唇瓣的中间类型。而这种花型能否正常生育还应作进一步的研究。

7. 唇瓣数量增加的异化

唇瓣数量增加的奇花一直是国兰艺术中追求的一大目标，也是奇花艺术的主流。奇花艺术的基础是以唇瓣数量的增加而引伸发展的，演绎出许多兰花艺术的故事，并促使中国兰花的奇花艺术逐渐得到完善和提高。它满足了中国兰花艺术中既保留了传统的赏花形式，又赋予人们对新内容和新变化的要求，因而使这一兰艺得以生生不息地延续下去。

这里所讨论的唇瓣数量增加的异化，与以上所讨论关于捧心唇瓣化显然不同，它使兰花作为分类主要特征的花朵的构成有了明显改变。其异化的特征是，在原花朵的构造不变的基础上，异化出具二至五或更多唇瓣的多唇瓣花朵。根据其花瓣是否同时唇瓣化又可分为：

花瓣非唇瓣化的唇瓣增加　这种唇瓣增加主要发生于原唇瓣着生点的附近，而同一花朵的花瓣、萼片等均保持不变。如果唇瓣增加为二片，它们的排列多数处于并列位置，其形态、大小、上唇的舒卷以及上面的色斑等特征均基本上一致（图2-1-20）。如果是增加为三片唇瓣，一般是在原唇瓣位置上并列着生两片唇瓣，而在这两片唇瓣的中间位置的下方着生另一片唇瓣（图2-1-21）。许多情况表明，这三片唇瓣的形态、大小及颜色基本保持一致。这种花瓣非唇瓣化的唇瓣增加的花朵的最大特色是整个花朵上方显得轻盈，下方显得沉实和多彩。这种异化的花朵虽然是唇瓣增加了，而其蕊柱一般还是保持原状，并且仍然保持其可育性。

在一些情况下，最外轮的唇瓣与内轮并列着生的唇瓣的形态是有某些差别的。

图2-1-20　新品种

图2-1-21　红花三舌

主要是外轮的唇瓣具有一般唇瓣的下唇特征，而上唇有可能留有萼片的一些形状，如瓣端较尖，不反卷，颜色较接近萼片等，颇似唇瓣与萼片的中间类型。但总的说来，这外轮的唇瓣仍具有正常唇瓣的特征，如外形及纵向褶片等。

有一些花瓣非唇瓣化的多唇瓣花朵，其三片唇瓣并列，但这种情况并不多见。而另外一种设想是，在花瓣非唇瓣化而蕊柱又没有其他形式的异化的情形下，也有可能增加更多（四或五片）唇瓣，但目前似未见报道。

花瓣非唇瓣化的唇瓣增加是比较不稳定的异化。特别是二片唇瓣及三片唇瓣的稳定性较差，尤其是在萼片不增加的情况下更是如此。所以兰界有“两条舌两条蛇”的说法，用来形容其变化的不稳定性。但这不是绝对的，有的相当稳定，如“比翼鸟”（图 2-1-22）。此品种在花瓣非唇瓣化的唇瓣增加的基础上，在所增加唇瓣的下方又增加了一片萼片。因此，判断这种花是否稳定还要综合其他条件来考虑。

对于这种异化的花朵要进行稳定性栽培验证，数年栽培后以三次以上复花验证其稳定性。特别是单花的品种，比如春兰的花瓣非唇瓣化的唇瓣增加，在一丛兰株中仅长出唯一花葶，而花葶上仅生有一朵花，虽然这朵花唇瓣增加了多片，但其花瓣没有唇瓣化，那就更要看其复花的情况。在一秆多花的品种中，经常看到有1～2朵花有花瓣非唇瓣化的唇瓣增加，而其他花朵正常，这种唇瓣增加的异化花朵应该是不稳定的。这里讨论的是在一秆多花或一丛兰株多秆花葶的全部花朵唇瓣增加一致的情况下，仍需作稳定性栽培。笔者曾栽培过多株这样的春兰及墨兰，得到验证的仅有一株是稳定的。那就是前面所提到的品种“比翼鸟”。兰界的前辈经常告诫我们，这种情况特别要注意其稳定性，这确是经验之谈。

图 2-1-22　比翼鸟

花瓣唇瓣化的唇瓣增加　前面已经讨论过花瓣的唇瓣化问题。这里所讨论的是在花瓣唇瓣化后的唇瓣增加问题。也就是说，这里着重讨论的是一个花朵具四片或更多唇瓣的问题。

凡是一朵花具四唇瓣的，一般四唇瓣呈轮状排列，各增加的唇瓣的上唇及下唇的形态、颜色、大小均基本上一致，而且在多数情况下唇瓣的上唇均向后卷曲，形成一个十字对称的形状，如春兰的栽培品种

图 2-1-23　春兰蕊蝶

"春兰蕊蝶"（图2-1-23）。若异化为五片唇瓣的，也多为单轮轮状排列。具五片唇瓣的异化情况，在花瓣唇瓣化的唇瓣增加的品种中是较为常见的。异化出五片唇瓣的花朵，在多数情况下，蕊柱也出现了异化，经常是异化的三个蕊柱合生。这种合生蕊柱是背部粘连，前面面对异化的唇瓣，顶部靠近着生花粉团块的部分多少分离，呈三足鼎立。这可能是三朵花瓣唇瓣化的花朵合生在一起，并部分产生重叠所致，故出现了五片唇瓣的情况。

正因为它们是三朵花瓣唇瓣化的花朵合生在一起，所以在一些情况下，它们重叠合生中的一部分会产生分离而出现更多的唇瓣，最多时可达九片唇瓣。这些唇瓣有时呈轮状排列（或为单轮或为二轮），也有呈覆瓦状排列的，整个花朵呈现出雍荣华贵的气概，加上整个花序的花朵排列有致，确实是气派不凡。

但是，这合生花朵的异化唇瓣全部分离的情况并不多见，一般多为部分合生或部分分生。因此，在此类异化的花朵上有时为四片唇瓣，有时为五片唇瓣，甚至为六、七、八片唇瓣。总之，这类型的花朵大多在这些范围内产生变化。根据以上的情况，可以想象的是，花瓣异化为唇瓣的花朵中，唇瓣增加的情况，在同一植株的不同花葶，甚至是同一花葶的不同花朵中，其数目并不是高度一致的。但是无论怎么变化，这些花朵均有一个唇瓣增加的基本数字，最少是三片唇瓣或四片唇瓣。

由于这类花朵具有如是的特征，其形状常正格并且舒伸得体，成为奇花艺术中崇尚正格花者的主要追求目标。这类型奇花品种一直是兰艺界悉心追求和高价力捧的品种。可以这样说，是奇花艺术欣赏价值最高的品种。

一般说来，这类花瓣唇瓣化的唇瓣增加的品种，除了唇瓣及蕊柱增加外，由于其实质上是三个花朵合生，所以萼片也有增加的情况，也出现过萼片产生形状异化的现象，因而使得花朵整体的变化显得更为富丽和更富动感了。

这种类型的花朵在花苞"排铃"时就较容易辨认。一般是花蕾较一般的兰花的花蕾为大，质感较重，整个花苞的基部扩张加大，"凤眼"增多，且在"凤眼"中可看到下唇基部的外露部分，特别是其下唇基部外露部分的颜色与萼片的颜色反差较大。整个花葶的各个花朵的花苞均具有这一现象。

还有一点要说明的是，由于这类型的花朵中唇瓣的数量明显增多，合生蕊柱的各

图 2-1-24　文典奇蝶

花粉团块着生位置有时产生粘连，而且蕊柱顶部背向还会形成一个小洞。另外，萼片有时也会部分唇瓣化，使花朵看起来像多出一轮唇瓣一样。而有时花瓣的唇瓣化，未能完全异化成唇瓣，在花朵中也会出现保留了一半的花瓣的现象（图 2-1-24）。

8. 蕊柱小唇瓣化及小花瓣化

在国兰的花朵中，除了花瓣、萼片等异化外，蕊柱也产生了各种异化，其中较为常见的是蕊柱唇瓣化及花瓣化。

蕊柱唇瓣化及花瓣化时，其蕊柱本身已基本消失，只留有一些痕迹。在这退化的痕迹上，集生了数量不少的、与花瓣及唇瓣形态相似的组织。这些异化的花瓣及唇瓣只在形态上与原花瓣及唇瓣略为相似，而大小相差甚远，一般不及原来大小的1/10。这些小唇瓣及小花瓣在原蕊柱着生的位置上的排列并无章可循，而是彼此混生成丛状，有时其基部粘连，相互纠缠在一起，甚至在一些小花瓣或小唇瓣的边缘及脊线上混生有一些貌似花粉团块的组织，其颜色也与小唇瓣及小花瓣自身有些反差，一般表现为米黄色或奶黄色，多呈现不规则的形状，其分布也是混乱而随机的。

蕊柱异化为小唇瓣及小花瓣时，相对的唇瓣也产生了异化。正如前面谈到的墨兰栽培品种“绿云”，其蕊柱退化了，而取而代之的是丛生的小花瓣及小唇瓣，在它们上面还混生了一些类似花粉团块的小块组织；而且花朵上的唇瓣也基本上异化为萼片。但萼片的形状有点类似唇瓣与正常萼片的中间类型：形状似萼片，顶端修长，颜色亦类似萼片的颜色，但其基部可能具有一些类似唇瓣的下唇组织中的褶片或脊突。

就这种花朵的外观而论，其颜色都较为一致，主要是花瓣也有点萼片化：形状有点类似侧萼片，颜色也较为接近，瓣片上纵向条纹的分布也相类似，所以看起来只有一种颜色。这种蕊柱的小唇瓣化及小花瓣化的情形，似乎在“素心”的花中较常发生。

在这种蕊柱出现唇瓣化及花瓣化的花中，主要性器官通常已不存在，因而是不育的。我们在栽培这类品种中，尚未见到其受精现象的发生，子房也未见膨大成果实，更谈不上有种子了。

在欣赏方面，蕊柱异化为多数小唇瓣及小花瓣后，花朵的中心出现了多瓣化，呈现出丰富的欣赏内涵，而且唇瓣及花瓣又有点萼片化，在整体外观上呈现出放射状

图 2-1-25　太阳花

的瓣片排列，使花朵有点从中心向外张开的势态。

这种类型的花朵在春兰、墨兰、建兰等品种中均有出现（图 2-1-25）。

9. 减瓣的异化

花朵在自然开花的情况下，出现器官数量的减少，称为减瓣的异化。减瓣的异化在整个花朵中的任何器官中均有出现。根据花朵构成的器官的缺失情况，它们具有以下几种类型：

萼片数量减少的异化　萼片数量的减少，在国兰的奇花中也较为常见。在异化的花朵中，有时只有二片萼片，减少了一片萼片。减少一片萼片的花朵多数减少了中萼片。有时一朵花中仅留一片萼片。在仅有一片萼片的花朵中，往往缺失的是两片侧萼片。在萼片减数异化的花朵中，还有更极端的是，所有萼片全部缺失，使兰花的花朵变成了无萼的花朵（图 2-1-26）。

在萼片减少的异化中，中萼片的减少虽有发现但比较少见，而两片侧萼片的减少则较为常见。这种异化了的花朵的两片花瓣有点向斜上方飞出的感觉。而三片萼片全部缺失的花朵，只留有花瓣及唇瓣和蕊柱而缺少外轮萼片衬托，显得较为裸露，总是有点不平衡的感觉。

图 2-1-26　圣蕊

在萼片减少的异化花朵中，往往花瓣、唇瓣及蕊柱是不减少的，因而这种花还是具可育性的。

花瓣数量减少的异化　兰花花朵中只有两片花瓣。在瓣数减少的异化中，大多数是二片花瓣同时减少，但也有只减少一片花瓣的。在后一种情况下仅存的一片花瓣也会产生变异，不仅着生位置产生变化，而且形状也产生变化。在多数的情况下，这仅存的一片花瓣着生于原来二片花瓣上侧的接合处，即处于中间位置，而且形状变得比原来花瓣为大，与唇瓣相对应（图 2-1-27）。

二片花瓣缺失的花朵，在萼片的烘托下，唇瓣及蕊柱特别显眼。

唇瓣减少的异化　在国兰的花朵中，唇瓣的缺失也是经常发生的。发生这种现象时，在蕊柱的下方只可看到侧萼片的着生处，而没有唇瓣的花朵像缺少了什么似的，显得空荡荡。但是花朵的功能仍然保持完整，蕊柱发育良好，只是不便于昆虫的传粉而已（图 2-1-28）。

萼片、花瓣以及唇瓣全部缺失　在任何兰花中，若萼片、花瓣以及唇瓣全部缺失，便成了真正的无瓣花，花中仅仅有一个蕊柱。这种花朵在花葶抽出时，初期由苞片包裹着，当花梗伸长时，这仅存的蕊柱便逐渐显露出来，在它们尚未“排铃”时就可以看得一清二楚。而有些花虽然萼片、花瓣及唇瓣缺失，但在蕊柱的基部尚留有该组织一些的残片或缺痕。

这种无瓣花一般能正常开放，甚至会受精结果。由于没有其他组织在营养及空间上的竞争，蕊柱生长得特别粗壮，花粉团块特别发达，形成所谓的“大鼻花”。

虽然兰花萼片、花瓣及唇瓣的缺失在自然界中是存在的，但也是可以人为的。其实，若要增瓣是比较困难的，而要减瓣就非常容易了，只将需要减少的部分人为除去就是了。尽管减瓣的花朵是天然存在的，但在有关国兰兰艺的流通市场中也无法证明不是人为的。故此类的花朵的欣赏价值及市场均价值不大。本来，无论是减瓣还是增瓣均属自然存在，理应具有相应的奇花艺术价值，但由于人为原因就难以评说了。

虽然如此，它们作为国兰奇花的一个内容，确确实实存在于自然界中。从植物学

图 2-1-27　新品种

图 2-1-28

图 2-1-29　蕙兰多瓣

的角度应该赋予它们应有的、属于异化范畴的地位。在生物的演化中，既有进化亦有退化，这是正常的现象。何况，在国兰的欣赏艺术中，很多时候是欣赏它们在自然界竞争中的失败者或者准确地说是弱者的姿态。这就是国兰艺术与植物学内涵的一个重要区别。

10. 唇瓣增瓣的异化

增瓣的异化是指国兰正常花朵中出现萼片、花瓣及唇瓣的增加，前面已对此分别加以论述了。这里所要讨论的是，这些增瓣情况与蕊柱的关系，大概可分为蕊柱正常的唇瓣数量增加和蕊柱数量变化的唇瓣增加等两种情况，是一个综合性异化的问题。

蕊柱正常的唇瓣数量增加的异化　前面谈到唇瓣数量增加的两种情况，一是花瓣唇瓣化后的唇瓣数量的增多，二是花瓣正常的唇瓣数量增多。这里需要补充的是蕊柱正常的唇瓣数量增多。它包括了由于花瓣唇瓣化而使唇瓣数量增多和花瓣非唇瓣化而具二片以上唇瓣等状况。其主要特点是蕊柱正常，而花朵中唇瓣的数量增加了（图2-1-29）。

蕊柱增多的唇瓣数量增加的异化　与上面情况相对应的是，在花朵的异化中，出现了蕊柱增多的情况。增多的蕊柱多数合生，一般有二蕊柱增加和三蕊柱增加，而四蕊柱增加的情况似乎未曾出现。当然，在一个花序上有一朵或少量花朵畸变是有可能的，但整个花序中每一个花朵均同样产生畸变似乎未曾有过。在蕊柱增加的情况下，往往唇瓣也增多。这些增加的唇瓣可以围绕增多的蕊柱呈轮状排列或不规则排列，理论上可以是多轮往外增多，但事实上这种往外增多的唇瓣往往是有限度的。据现有的品种的情况来看，保持唇瓣大小一致者，其唇瓣增加的数量最多可达八片。蕊柱增多引起唇瓣增多的异化，其遗传状况是相当稳定的，而蕊柱正常但唇瓣增加的状况其稳定性较差。

至于唇瓣增加的机理及可能性在前面的有关内容中已作了介绍，这里不再重复。

11. 蕊柱的异化

国兰的花朵充满着变化或畸变。蕊柱也是一样，它除了退化并产生花瓣及唇瓣增多，以及自身的增多并出现合生外，还可以有各种的变化。这种变化是国兰艺术中最不具规律和最为千奇百态的变化。由此而幻化出的奇花形状一直是奇花艺术中的主流，最具艺术感染力。

蕊柱的异化有以下的几种类型:

花瓣正常的蕊柱异化　这类蕊柱异化的最大特点是花瓣不产生异化，维持原来花瓣的形态、颜色及纹理结构。其蕊柱及唇瓣的外部形态也没有发生变化。特别之处在于蕊柱顶端近花粉团块的下方着生有一丛唇瓣、花瓣和蕊柱的混合生长构造物。这一构造物结构复杂，唇瓣、花瓣及蕊柱的着生均无规律可寻，尤如礼花在天空中的开放。而这些唇瓣的形状一般较原来唇瓣为小，颜色也不一样，大大小小很不一致，而花瓣就混生在唇瓣之间。这些花瓣也大大小小很不一致，而且很多不具有完全的花瓣的形状，多数处于唇瓣化或半唇瓣化的状态，着生处重重叠叠不计其数。有趣的是，异化了的蕊柱也混生其中，特别是花粉团块点缀其中，使之显得丰富多彩，纷繁满目。此构造物在原蕊柱的下面具有一柄状物与其相连。

图 2-1-30　珠海渔女

在这一增生的构造物中，经人点算，其异化的唇瓣及花瓣和小型的蕊柱可达30多片，甚至多达40片。

此种花朵虽然在蕊柱上着生了30~40片唇瓣、花瓣及蕊柱等，但其原来的花瓣、唇瓣及蕊柱一般不会产生较大的异化，也就是在正常的花朵中着生出30~40片异化结构。这类异化最具代表性的品种就是“珠海渔女”（图 2-1-30）。这个品种在花葶抽出、伸长和花朵排铃时，花苞均看不出有什么异样，而当花苞快要张开时，才发现在花瓣、唇瓣和蕊柱均正常的情况下，蕊柱的前端下方着生一个具短柄的、类似蜂巢的异化物。这异化物随着花朵的开放而逐渐增大，最后长成类似牡丹花般的缕状的花朵。

花瓣与蕊柱同时异化　在此类花朵中，其花瓣与蕊柱均出现了异化。首先是，其花瓣萼片化，在原来着生花瓣的位置上着生了二片或三片萼片。这萼片与原萼片形状大小相同，而蕊柱基部伸长使萼片像花梗外面的鞘或苞片。这异化后的萼片的轮数不定，少的二轮，多的达4~5轮。它们均是在蕊柱伸长的情况下形成的。蕊柱的形状也产生了很大的异化。

原蕊柱的形状不复存在，在原蕊柱上可见到的是花瓣状的变形。它们部分唇瓣化或蕊柱化，在花朵的外围着生。而花朵的下方出现许多唇瓣，大小不一，色彩纷呈。在这些唇瓣的上方出现异化的蕊柱。这异化的蕊柱变成了许许多多唇瓣、花瓣及花粉团块，混生在一起，重重叠叠，弯弯曲曲，难以区分。花瓣既异化成唇瓣，唇瓣上也有花粉团块。花瓣甚至蕊柱化，但也并不完全。这种异化反反复复，相互纠缠，界限不清，整个花朵显得变化无穷。在这种异化的品种中最具代表性的当首推“大屯麒麟”（图2-1-31）。当“大屯麒麟”的花梗伸长，花苞逐步排铃时，其花苞尚较小；排铃完毕后，花苞开始增大，原来处于萼片包围中的蕊柱基部开始伸长，将萼片挤开，出现了一个与原来花苞形态相类似的新花苞。而新的花苞又有可能重复以上的花苞发育情况，使萼片像花梗外的小苞片，但呈轮状排列或互生排列。当蕊柱经过以上的生长过程后，花苞开始增大，显露出异化的状态。有的花瓣蕊柱化，有的唇瓣化，各种构造相互异化，形成复杂多变的花朵。

图2-1-31 大屯麒麟

有一点值得注意的是，当花苞较小时，其形状较尖，而随着花苞的增大，在萼片的合生处出现伸长，而使萼片与花瓣变为分离，此情况出现时，花朵出现花瓣与蕊柱同时异化的机会是较大的。

唇瓣及花瓣向蕊柱的异化 这类型的花朵异化有点类似花瓣与蕊柱同时异化，其区别点在于唇瓣及花瓣蕊柱化后，在唇瓣及花瓣着生处又生出许多个蕊柱状的异化物。在这些异化的蕊柱上长满了唇瓣及花瓣。这些唇瓣及花瓣的形态大小相差很大，且两者相互重叠，既有唇瓣又有花瓣，花瓣又有半唇瓣的形态出现，而在唇瓣中又着生了许多的小花瓣。更为有趣的是，在这些异化的蕊柱上着生了形态各异的唇瓣和花瓣。在这些唇瓣和花瓣上又异化出各种形态的不完全的蕊柱，尤其是蕊柱上的花粉团块，几乎无处不在，既长在异形的唇瓣上，又生在异形的花瓣上，既生于这些异构物的中部，又可能生于边缘、基部及顶端，相互重叠和渗透，既粘连又有分生，无奇不有。这类型的奇花艺术可以从其代表性品种墨兰奇花“玉狮子”中看到（图2-1-32）。

图2-1-32 玉狮子

“玉狮子”在花苞即将“排铃”时就显露出其奇花的“嘴脸”。首先是待花苞排铃后，花苞逐渐增大，萼片张开后，形状有点类似萼片的花瓣也随即张开，露出了奇变的蕊柱。原蕊柱背部变大，其顶部的花粉团块也明显变大。在蕊柱的顶端近花粉团块处及其下方着生了许多畸形的蕊柱，互相挤生在一起，在这些畸形的蕊柱旁边又着生了许多与之形态大小相对应的小型唇瓣及花瓣。在这些小型唇瓣或花瓣上又着生了一些花粉团块。而在它们的下方着生了多重的唇瓣，这些唇瓣的形状大小彼此也相去甚远，外围的唇瓣大小形状与原唇瓣相若，往内层就会变小变形，往上就是畸变的小唇瓣，小唇瓣上面或是小唇瓣之间长满了畸变的蕊柱，花粉团块又密生其中，尤如一群雄狮在相互起舞，甚具动感和艺术的感染力，真是形如其名。

“玉狮子”、“大屯麒麟”之类的异化是唇瓣与花瓣围绕蕊柱产生多层异化物的结果。大屯麒麟是一个很好的例子，蕊柱伸长于萼片之上，伸长到一定距离后轮生多轮的唇瓣、半唇瓣及花瓣。这些唇瓣、半唇瓣、花瓣的形状、大小、颜色与一般花朵的相应组织无异。而这些组织之上，蕊柱继续向上生长，生长到一定距离后围绕蕊柱又轮生了多轮的唇瓣、半唇瓣以及花瓣。这种类型的花朵的异化最少出现二个重复，甚至有的达3～4个重复。到了最后在蕊柱的顶端着生了一个球状的、由唇瓣、花瓣以及花瓣半唇瓣化的组织组成的花朵，甚为壮观。墨兰“宝岛奇”（图2-1-33）就是这样的一个品种。

图2-1-33　宝岛奇

12. 子房和花梗的异化

子房和花梗的异化是指当一个花序排铃后，花苞多少具有顶端生长的能力，子房和花梗出现伸长生长。这种伸长出现在原花苞的萼片位置上，随着子房和花梗的伸长，原来着生在一起的轮状长生的萼片也出现互生的状态，且其形状又有点类似花秆上的小苞片。子房和花梗不断生长并继续前伸，不断地重复着萼片在其上的生长状态。这种状况出现了4～5个重复后可能在其顶端着生了许多唇瓣及花瓣，成为顶生多瓣花。

图 2-1-34　琼台碧玉

我们可以从建兰（四季兰）栽培品种“琼台碧玉”（图2-1-34）中看到。它的花苞排铃后，子房和花梗逐渐向前生长，出现了许多轮生或互生的小苞片状的萼片，在其顶端着生了许多唇瓣和花瓣。这些唇瓣和花瓣又从花朵的中心继续向前和向外生长，显示出这品种的花朵具有无限生长的能力。

这类异化花朵的花瓣在子房和花梗前伸时，其形状与萼片相似，但在顶端生长的花瓣形态则与原来花瓣比较接近，不过其形态仍然具有异化的痕迹。

子房和花梗异化的品种由于其花苞在蕊柱上具有顶端生长的能力，生长的构造物过多，因而花序常过重而下垂。越健壮的植株开出的花朵就越重。

13. 子房和花梗与花序轴粘连的异化

子房和花梗与花序轴粘连的畸变，表现在花朵缺少子房和花梗，直接着生于花序轴上，使花朵在构造上显得短小，例如“无柄荷”。这种花朵除了缺少子房和花梗外，其他的构造器官完全正常，与具子房和花梗的花朵结构无异。

这种异化的另一种类型就是子房和花梗与花序轴生长在一起，互相粘连，尤其是花序顶端的几朵花出现这种情况比较常见。有时几个花朵的子房和花梗粘连生长在花序轴上，而其花朵的萼片、花瓣、唇瓣及蕊柱没有产生异化。但是，此类粘连的异化一般不会遗传，待到下一次复花时，这种异化就不会出现了。而整枝花序的所有花朵的子房和花梗全部粘连在花序轴上，而且粘合形态尚依稀可辨的状况似乎尚未有报道过。

14. 萼片与花瓣合生的异化

除了子房和花梗与花序轴粘连外，萼片与花瓣也能合生。萼片与花瓣的合生异化实际上是它们粘连生长的结果。在兰花的栽培过程中经常见到花朵的中萼片与花瓣合生，形成一片萼片与花瓣的混合体。这混合体有时是中萼片与一侧的花瓣合生，另一侧的花瓣正常，有时两侧的花瓣与萼片完全合生，但这合生体中花瓣与萼片的组织构造、颜色等原来的轮廓仍然清晰可辨。这种状况可能在一个花序上的1～2个花朵甚至更多的花朵上出现，但未见整个花序的所有花朵会同时出现这种现象。因此，这种合生多数是不稳定的，少有例外。

萼片与二片花瓣合生成一片合生体，有如花朵上方生出了一个上盖，将蕊柱、唇瓣等盖住，而且这合生体本身的形状也较为特殊，因此，具有一定的欣赏价值。

15. 中萼片雄蕊化

中萼片的多种异化已在上述的奇花艺术中加以讨论。现在介绍的是中萼片雄蕊化的异化。这种异化的明显特征是，在中萼片上只出现雄蕊化，而不会出现蕊柱化。所谓雄蕊化即在中萼片上出现花粉团块。这些花粉团块位于中萼片的顶端内侧异军突出，犹如在中萼片上生出了两只眼睛，甚具异趣。

图 2-1-35　新品种

中萼片中生长花粉团块，而又没有出现蕊柱化的结构，因而称为中萼片雄蕊化。中萼片雄蕊化后，花朵的其他器官可能处于正常状态，也可能会出现侧萼片半唇瓣化等情况。在一切正常的花朵中，仅仅中萼片上出现雄蕊化的情况只是近年才发现的（图 2-1-35）。

16. 花瓣雄蕊化

中萼片出现雄蕊化，而花瓣同样也会出现雄蕊化。一般说来，出现雄蕊化的花瓣，其形状维持正常，不会出现类似蕊柱的组织构造，只是花瓣上方两侧生出了两个花粉团块。这种花粉团块不像蕊柱上的花粉团块那样容易剥离，而是生长在花瓣组织内部。它们貌似生在花瓣中的两只眼睛，虽朦朦胧胧，却依稀可辨。

花瓣出现雄蕊化时，其萼片、花瓣、唇瓣、蕊柱等形态，似乎没有产生其他的异

图 2-1-36　新品种

化。此种花朵配合了萼片与花瓣的好瓣形如荷瓣花等，也不失为具有艺术价值的好花（图 2-1-36）。

二、花序的异化

国兰的花序一般为总状花序，花朵沿着花序轴呈互生排列。然而，国兰的花朵充满着异化，连花序也不甘墨守成规而加入异化的行列。花序的异化冲击了原来植物学作为分类依据的某些框框。

国兰具体的花序异化形式有以下几种：

伞形圆锥花序的异化　这种类型的花序异化在有关兰属（*Cymbidium*）的专著中未曾有过记载。此属植物除春兰外几乎全部是总状花序，只偶见花序基部有 1 ~ 2 个分枝。但这里所指的异化，是直立的总状花序出现 4 ~ 6 个分枝，每个分枝上端聚生 3 ~ 5 朵花朵并形成了伞形花序。伞形花序又呈总状地排列于主轴上，形成伞形圆锥花序。

此种花序在国兰中最具代表性的品种是产于台湾的“千手观音”（图 2-2-1）。这个品种除了叶片具有一定的特征外，主要是花葶抽长到一定高度时就出现分枝，待到主轴停止抽长后，其各分枝就像一般总状花序的花朵一样出现“排铃”，所不同的是，这些分枝仍然向上生长到一定长度时，就会出现了 3 ~ 5 朵花朵着生于这分枝的顶端，呈伞状分布。其花朵则未必异化，但“千手观音”的花朵也产生了异化，出现了萼片、花瓣同形等特征。

图 2-2-1　千手观音

圆锥花序的异化　这种类型的花序的异化与上面所述略有不同。其花葶仍然直立，主轴上以总状花序排列的形式出现了 6 ~ 10 个分枝。分枝具 4 ~ 6 朵花，花在分枝上呈互生状着生，出现了典型的圆锥花序的特征。其花朵除了具有国兰的花朵特征外，还可能出现诸如唇瓣化、蕊柱数量增加等各种国兰花朵可能出现的变异和异化形式。由于它所具有的特征前面已作介绍，这里不再讨论。

出现圆锥花序异化的品种应首推产于广东顺

德的“神洲奇”（图2-2-2）。这个品种的花葶抽长时，随主轴的伸长出现了4～6个类似花苞的短分枝。此后这些分枝逐渐伸长，犹如一般花序出花一样，到一定长度时，花苞也开始在分枝上“排铃”，一般具有3～5朵花。值得称奇的是，“神洲奇”的花朵又产生了许多种形式的异化，萼片与花瓣同形或出现唇瓣化，甚至子房和花梗具有向前生长能力，出现类似“宝岛金龙”那样的异化。由于花序的异化，使得“神洲奇”的花期较长，其异化的形式也出现了种种重复和组合，不愧为神州之奇。

头状花序的异化　国兰的花序异化真是无奇不有，竟然出现了头状花序。所谓“头状花序”就是花朵集生于花序轴的顶部，呈圆球状着生。这种花序的异化也从未见诸有关兰属的论著中。

头状花序的异化是国兰近年发现的一种异化形式。在花序分化时，其花朵的着生位置已经出现了异化。这些小花朵集生于幼嫩花序的顶部，随着花葶的抽长，花序轴上部脱离了鞘片的包缠，露出了密集的花朵。花序伸长到一定的高度后，其顶部的花朵也逐渐增大，向四面八方伸展，到最后全部花朵开放后形成了一个球状的花序。产于四川峨眉山市的“千佛金顶”就是其中的一个例子（图2-2-3）。这个品种的花朵全部集生于花序的顶部位置，花大而且出现花瓣唇瓣化及唇瓣增多等异化，尤如“千佛”竞艳“金顶”，甚具艺术价值。

图2-2-2　神洲奇

图2-2-3　千佛金顶

三、花序轴上花朵着生的异化

这种异化主要是花朵在花序轴上虽排成总状花序，但是其排列的距离并不规则，花朵的着生也不规则，出现各种不同的异生。

多朵花着生于同一位置的异化

这种异化表现为在总状花序上的花朵呈二朵或三朵簇生而不是单生。如墨兰的“子母花”（图2-3-1）和墨兰的“佛手”（图2-3-2），在整个花序中花的着生均出现同样的状况。

图 2-3-1　墨兰子母花

“子母花”是指在着生一个花朵的位置上除生了一个正常的花朵外，在其基部又着生了一个较小的花朵，一大一小，貌似“母子”关系。“子母花”就是因此而得名的。而“佛手”就是在原来着生一个花朵的位置上着生了三个大小相差不大的花朵，有时呈轮状着生。

图 2-3-2　佛手

这种在同一位置上着生多个花朵的异化，其花朵也具有其他花朵所出现的异化，如“子母花”的小花是一个增瓣异化的花朵，“佛手”的花朵中也有出现唇瓣异化增多的情况。

不等距离着生的异化　本来国兰的总状花序中，其花朵排列是基本上等距离的，且其花序轴向上逐渐变细，花苞片或花朵也逐渐变小。而花朵不等距离着生的异化就是指这种花朵着生排列规律的改变，有的相互之间距离

图 2-3-3　飘逸

较大，有的距离靠近，使整个花序的花朵排列有点不整齐、不均衡的感觉，如飘逸（图 2-3-3）。

这种不等距离着生异化的品种有墨兰的“飘逸”和“龙头拐杖”（图 2-3-4）等。前者其基部的花朵着生点往上经过较长的距离后，忽然出现若干距离靠近的花朵。而“龙头拐杖”由于花朵着生的位置不均衡而产生了弯曲。但这些不规则排列的花朵有一个共同特点，即其花瓣唇瓣化后形成所谓的“三舌”或者是其花瓣及唇瓣出现瓣数增多的现象。因此，这种不等距离异化的花朵也同时具有各种异化的可能，这又是一个复合异化的类型。

图 2-3-4　龙头拐仗

四、花芽与叶芽混生的异化

花芽与叶芽混生的异化就是指当植株长芽时长出了一些叶片，随着叶芽的伸长，与叶片一起长出了一些花朵的组织如花瓣及唇瓣等。这种现象多出现于一些植株的老假鳞茎分开种植时，而出芽时期与开花期时间又相一致的时候。但是，这种异化很少具有遗传性，且这种混生的花朵也较少正常开放。其叶片也难以抽长形成正常的植株。

这种混生的异化主要是由于植株外部环境改变所致。既有花叶同源或者说花是叶的变态的内因，又有植株受到不良的环境影响的外因。很可能在老假鳞茎的逆境生理因素作用下，需要尽快开花结果产生种子以延续其种群所致。

五、假鳞茎顶部开花的异化

国兰正常植株的花葶是从假鳞茎的侧面的叶甲（鞘）内抽出的，而这种异化则是直接从假鳞茎的顶端分化出花芽，然后伸长，与一般花葶一样完成其作为传宗接代的生育阶段，俗称“岗顶开花”。

然而，这种假鳞茎顶部开花的异化也未见其有遗传性，一般植株复花时就不是从假鳞茎的顶部开花了。与花芽与叶芽混生异化具有同样的道理，叶芽也可以分化成花芽。兰株的假鳞茎的顶部也具有潜伏芽。这些潜伏芽既可以是生长成叶片的无性繁殖芽，也可以在受到外部条件的影响下使之产生了分化，变成行有性繁殖的花芽，并且可以开花结果。其实这顶部的芽与侧面的芽其作用是相同的，如叶芽变花芽（图 2-5-1）。

图 2-5-1　叶芽变花芽

六、花朵颜色的异化

目前人工栽培国兰用来观赏的种类主要有墨兰（报岁兰）、秋墨（秋榜）、寒兰、建兰（四季兰）、春兰、蕙兰（九华兰）以及春剑、莲瓣兰、邱北冬蕙兰（紫秀）等，其中包括一些变种和栽培品种。在这些栽培或野生种中，挑选出色泽不凡、富有特色的花朵是国兰欣赏艺术的一大主流。因此，研究国兰花的颜色变化和颜色类别也是兰花爱好者兰艺欣赏的一大内容。

究竟兰花的花葶及其花朵具有什么样颜色才显示其美的特色呢？要深入探讨这一问题，我们不妨先来认识一下国兰的花的一般颜色。

我们通常看到的墨兰或称报岁兰的基调色彩主要是紫红色，在此基础上可能会出现深紫色。浓的深紫色就是形象中所谓的“墨兰”，而此种基调色彩中可能会出现一些与之相协调或不相协调的色斑。大明兰系及“企墨”多数属于这种类型。当然，这些紫红的色彩可以随气候条件、生态环境等衍生出一系列的色彩来，但它们仍然保持其紫红的基本色调。

秋榜（秋墨）的基本的色调仍为紫红色，但其衍生的一系列的色彩反差较大。从深红、紫红到灰紫以及水红色，变化范围较大。

建兰（四季兰）花的基本色调应为黄绿和淡红，但其唇瓣的色斑、花瓣上的条纹多为鲜红或紫红。建兰较常见的花色还有淡红或紫红色。

寒兰的花的颜色多为紫红色，很少为淡红色或黄绿色，唇瓣上的色块一般较花瓣的颜色或唇瓣的底色为鲜艳。如将寒兰的花的颜色进一步细分，可以分为红花寒兰、紫花寒兰、青花寒兰，但都以紫红色为基调。因此，不应以花色作为寒兰的品种的分类依据，因花色与气候、栽培条件、水分、肥料等有关，不同的条件会使花色的深浅度产生差异。

春兰的花的颜色因产地不同而差异较大。湖北产的春兰其花色以青绿为主，但也有紫红、淡黄、红黄等颜色。云南产的春兰颜色多为鲜艳，一般以淡黄红色为主，紫红、朱砂红等也不少。但豆瓣兰其颜色就较为复杂，计有青绿色、金黄色、鲜红色、深紫色、红紫色等。

福建产春兰与江浙春兰花的颜色以淡黄色或青黄色为主。因此，可以这样认为，春兰的花的颜色的基调应为淡黄色，但含有其他色素的成分，以致衍生出多种颜色的花。

蕙兰在江浙一带栽培历史悠久，对蕙兰的花的颜色也较为认同。蕙兰的花的颜色多为青绿色和黄绿色，但有时其花葶颜色彼此间区别较大。

春剑及莲瓣兰的花颜色较为近似。其花色的基调以黄绿色为主，但也兼有其他的色泽，比如青绿色、紫红色等。

熟悉了国兰的一些种和品种的一般颜色后，我们对其花色中那些属于稀有并具有特色的就可以作出选择了。一般认为国兰的花的颜色的异化有如下的几种：

1. 素色花　素色花系列是国兰文化里面的一个重要内容。“兰以素为贵”，所以素色花在国兰的所有品种中都可作为花色艺术欣赏的一个主要目标。

所谓素色花，也就是俗称的“素心”。其意思就是整个花序只有一种颜色。以前只将花序具白色的称为素心，现在在国兰艺术中，其花序及花朵只有一种颜色都称为“素心”。例如“包公”，其花葶、萼片、花瓣、唇瓣只具单一的黑色，称为黑素心。此外，还有红色素心等。

“素心”是相对于“晕心”而言。所谓“晕心”就是在一种底色的基础上具有其他颜色。“心”旧称为“唇瓣”，唇瓣上无色斑者为“素”，唇瓣上具色斑者为“晕”。但是，实际上，“素”是对整朵花而言，包括萼片、花瓣均无色斑。

究竟“素心”是进化还是较为原始的？一般认为植物演进是从简单到复杂。似乎可以这样认为，“素心”是较为原始的。但是，就国兰而言，“素心”比较少见，也比较珍贵，而“晕心”则几乎遍地皆是。因此似应把“素心”视为次生的、进化的。当然，这是一个复杂的问题，这里主要从花艺的角度考虑。所以，在这里对素色花的异化的论述，是把“素心”列作花色的异化。

花色的异化有以下几种：

白花　顾名思义，白花就是白色的花。其实，在国兰的栽培品种中真正纯白色花的品种不多。比较具代表性的是“高山素”，其花素净，洁白如雪，是真正的纯白色品种。其次是出产于较高海拔的“小雪素”（图2-6-1）和“大雪素”（图2-6-2），在原产地开花时，其花色较为雪白，但在低海拔栽培时，其花带青，也就是白中泛青，无法保留纯白的本质，

图2-6-1　小雪素

图 2-6-2　大雪素

特别是“大雪素”的花在唇瓣的下唇中的“淡红水印”尤为明显，而且整个花朵也是白中泛青。

广东栽培的传统品种“白墨”，一般人都认为它是白花。其实其花色与真正白色或与“高山素”的花相比较，就显示黄青色。虽然它们属于素花类别，但不是真正意义上的纯白色花，只是相对于墨兰的紫红色花而言，其花也可以称为“白花”，称为墨兰素心是合乎情理的。

春兰的白花系列较多，包含许多纯白色的品种，但白中泛青的也为数不少。

黄花　称得上黄花的异色花的品种，其花色应为金黄色。墨兰的“黄金素”（图2-6-3）就是其中的一个品种，其花色晶莹通透，遍体金黄。其实广东的“企剑白墨”的花色也较为接近金黄色，但到后期花色产生了转化，变成了黄中泛青，俗称“黄绿花”。

金黄色的花若其纯净度高，不失为一种好花。

黑花　黑色的素心是不可多得的品种。一般是深紫色的花色较多，而深紫色的花基本上是“晕心”。墨兰品种“包公”（图2-6-4），俗称“黑了哥”其花通体乌黑，包括其萼片、花瓣以及唇瓣均为黑色，唇瓣毫无其他色斑，是难得一见的黑素心。还有春兰的品种

图 2-6-3　黄金素

图 2-6-4　包公

“黑珍珠”（图 2-6-5）其花色如墨，通体乌黑，也称得上是真正的“黑素心”。

红花　红花素心是指整个花葶以及花朵全为红色。这些纯红色的素心多数应该称为水红色素心。“皇妃”（图 2-6-6）就是属于水红色的素心品种，其花色为嫩红色，其中带有淡淡的嫩黄色。后者增加了花色的水灵感觉，显得这水红色更有引人入胜之处。

绿花　绿色的素心是比较常见的素心花。例如建兰（四季兰）的“观音素”（图 2-6-7），在一般的情况下其花朵的绿色成分较大，但到后期会逐渐变得青黄色。将这些品种归类于绿花素心是否准确，还有待进一步的探讨。

在建兰的一些下山品种中是不乏纯绿色的素心的。春兰中接近绿色或纯绿色的品种也不少。寒兰中的素心，尤其是青花寒兰素心，其花色的绿色含量较高，应归类于绿花素心。如果这些素心花在温度较高的地方栽培，其花色的绿色程度尤为明显。

2. 艳色花

相对于一般花色而言，艳色花是国兰的

图 2-6-5　黑珍珠

图 2-6-6　皇妃

图 2-6-7　观音素

图 2-6-8　桃姬

花色异化。它们不是素心，颜色又较为特别。艳色花的基本条件是花色较为艳丽而富有特色。主要的类型有：

桃红花　这种花的基调为红色，在红色中淡淡掺入了白色，白色与红色混合在一起成为鲜红色或桃红色。台湾出产的墨兰品种“桃姬”（图2-6-8），其花色是通体桃红色，在唇瓣上印有鲜红的色斑，甚为夺目。

深红花　与桃红花相类似的是深红色花。这种类型花色的异化在于其色泽更为鲜艳，是桃红色花的颜色中红色素加深所致。如台湾出产的墨兰品种“樱姬”（图2-6-9），其花色鲜红，而且红色的程度较深，成为深红色花的代表性品种。当然，像“红纸”那样红的国兰，现在尚未看到，但是它的存在应是可能的。

嫩黄花　这是黄花系列中花色较为特别的。这种黄色是一种嫩黄色或是鹅黄色，有点像“鸡蛋黄”的感觉。如寒兰栽培品种“丰雪”（图2-6-10）的花通体嫩黄色，颇有楚楚可人的味道。

水红花　这种类型的花其红色较淡，但却非常鲜艳，从透明的花朵中透出淡淡

图 2-6-9　樱姬

图 2-6-10　丰雪

图 2-6-11　玉妃

图 2-6-12　春兰新品种

的红色。由于其色素较为特别，非常引入胜，如墨兰品种“玉妃”（图2-6-11），其花色甚为奇特，淡红中透着灵气。

以上谈到的异化的花朵颜色，其颜色的鲜艳程度与栽培环境是有关的，一般在高海拔、低温、昼夜温差大的地方栽培的、花朵颜色异化的品种，其颜色较为鲜艳，在高温、湿度大的地方栽培的品种，其颜色显现得不甚明显。所以，在日本、韩国等地出现较多的颜色异化的品种，其原因就在这里。例如“皇妃”在日本栽培，其异化的花的颜色更是鲜艳无比，比在广东栽培的颜色更加吸引人。

3. 花瓣上的线艺

因为花是叶的变态，在叶片上出现的线艺在许多情况下也会反映在花瓣及萼片上。这种花器上表现的线艺一般与叶片上表现的艺向大多是一致的。叶艺为“中透”线艺，在花瓣上常出现类似“中透”一样的鲜艳的艺色。如叶艺为“爪艺”则在花瓣的瓣尖上映出“爪艺”的艺色。但线艺与叶艺的相对应的关系，表现在颜色上是有一定程度的变化的。如叶艺的艺色为白色，反映在花瓣上可能为鲜艳的颜色，比如鲜红色或金黄色。但无论如何艺向的外形可能是相似的，虽然并不是所有的品种均如此。在高海拔、低温度条件生长的线艺品种容易出现花瓣的艺色和艺向，比如春兰（图2-6-12）、春剑、豆瓣（图2-6-13）、莲瓣等品种较容易在花瓣上表现出艺向和艺色。墨兰也有在花朵上表现线艺的品种如金鸟（图2-6-14）。但高温、湿度大条件下生长的品种其叶艺品种不一定在花颜色上表现出线艺。如某些墨兰、建兰其叶艺与花瓣上的线艺就不一定具相关性。

一般在萼片、花瓣及唇瓣上表现出的线艺有“中透”、“爪艺”、“覆轮”等，一般表现出的颜色多为以上谈到的异化颜色。所以，花朵上的线艺及艺色也是奇花，是奇色花的艺术欣赏的一大内容。

七、花瓣、萼片、唇瓣形状的异化

我们在讨论国兰的花朵的形态时谈到了花瓣、萼片和唇瓣的一般形态。其实，在国兰的奇花艺术中，花瓣、萼片、唇瓣形状的异化也是欣赏的一个内容。虽然不是欣赏的主流，但毕竟具有“奇”的艺术。这种奇的艺术具体体现在以下的几种形状的异化：

1. 萼片形状的异化

萼片的形状多为披针形至矩圆形，但却异化出各种的形状。

飘带　萼片在这种形状异化中表现为质地变软和外形伸长，形成飘带的形状。这种异化的结果多数出现了弯曲、后卷。在许多具多唇瓣的花朵中，异化的萼片常出现这种飘带状的情况。

短片　萼片异化成短片状。这种情况似乎与飘带状异化的情形相反，表现出萼片短化、质地变硬，变成与原来相去甚远的形状。这种形状多出现在“珍珠花”的萼片中，它们多数与花瓣的形状同时异化。

鳞片　萼片在这种形状的异化中似乎可以看成是退化，因为只在原萼片着生的位置上保留了一些退化的残片和短线状结构。这种花常因在花芽分化时使用了一些化学制剂而引发的。但在一些高度蕊柱化或雄蕊化的品种中也会出现这种情况。这种鳞片状的异化，在国兰的欣赏艺术中意义不大，认同其具有奇花艺术的人不多，所以欣赏艺术价值不大。

图 2-6-13　新品种

图 2-6-14　金鸟

2. 花瓣形状的异化

花瓣形状也会产生多种异化的，其主要的异化有：

丝状　花瓣的形态一般为披针形至矩圆形。但有时产生了异化，变成了丝状，变窄变小而成一条线，贴在蕊柱的旁边，与异化的萼片的形态也难以区分。

钝片　花瓣异化为较圆钝的短片，变窄变小变短，质地变硬，但不会产生蕊柱化或雄蕊化。

以上二种花瓣形状异化的情况，多出现于"珍珠花"中。而另外的一种情况就是在那些高度雄蕊化并产生多数雄蕊时，花瓣的瓣形也会产生丝状或钝片状变化。这种花的花朵很少像其他花朵那样正常"排铃"和正常开放，多数在半途就会凋谢，其欣赏艺术价值也是不高的。此类花只是在花葶的顶端看到了一些花的蕊柱上的花粉团块，除此之外，由于萼片、花瓣的退化变形，蕊柱也产生畸变，变得细小，已经没有什么内容可供观赏了。

2. 唇瓣形状的异化

唇瓣形状的异化主要指原来唇瓣的外观与构造改变了，其变异的形式还是较多的，在国兰艺术中占有一定的位置。其主要异化形式有：

长舌　唇瓣的上唇变长，有的比原来增长了3倍，甚至超过萼片或花瓣的长度。这种变异使得唇瓣加长，在花朵中显得很特别，也比较突出。如墨兰有"长舌鸟"（图2-7-1）之称的品种就比较形象地反映了这种唇瓣异化的情况。

如意　唇瓣的上唇与长舌的变异刚好相反，上唇变短变圆，不反卷。这种唇瓣的异化是国兰传统艺术中被认为兰品达到上品的主要标志。特别是一些瓣形理论上较为认同的，如荷瓣等品种，就很需要这种唇瓣的瓣形来配合。

大舌　唇瓣的上唇部分变大变圆，在上唇与下唇的交界处具有相当明显的差别。有的比一般的唇瓣的上唇大2～3倍，与同一花朵中的萼片、花瓣形态大小反差很大，因而具有比较鲜明的特征。

卷舌　这种唇瓣形状的异化不同于一般唇瓣上唇反卷的形态。唇瓣有可能较长，因而向后反卷几圈，属于强烈的反卷。一般认为卷舌，特别是强烈卷舌的花品，其艺术价值不高。这是由于上唇较长，且其构造不均衡所致。

小舌　这种唇瓣的形状异化在"珍珠花"中经常出现。唇瓣变小、变

图2-7-1　长舌鸟

短和变薄，有可能上唇下唇的结构不甚明显，畸变为花瓣状或鳞片状的唇瓣，大多数其长度不超过蕊柱。

3. 蕊柱形状的异化

蕊柱形状的异化在国兰的许多品种中也是经常出现的。除了上面谈到了蕊柱的异化外，这里涉及的是与一个正常花朵的正常蕊柱的形态相对差别而言的，这种异化一般有：

大鼻　这种蕊柱形状的异化表现在蕊柱特别发达，外形增大增粗，花粉团块发育得很大，形状尤如“大鼻子”。“大鼻子”的花朵在花苞时就会使花苞外形产生变形，所以在挑选奇花时值得留意。

如果萼片、花瓣在形态上产生的异化，主要是变小变短甚至是退化的话，其蕊柱就会反衬出来，显得尤为突出，形成了“大鼻子”的形状。一般认为大鼻子的花朵不列作奇花的欣赏内容，除非在蕊柱上异生出其他的组织，比如多了一些花粉团块等。

佛祖　由于蕊柱伸出的角度不同，且花粉团块在蕊柱的顶端的稍下方处向内生长，就会形成了像佛祖坐禅一样的形状。在陕西靠近四川一带出产的春兰品种“佛兰”，其蕊柱的形态真是酷似佛祖，而且其神态还称得上惟妙惟肖，加上花萼片及花瓣的开放恰到好处，那就更像佛祖的形象了。但是，这种形象的蕊柱在国兰的许多品种中均有发现，但是能够流行开去的不多，主要是这种神态的蕊柱在花朵张开或栽培条件改变后，其形态也可能产生改变，而且视角的改变，其形象也会改变，无法当作品种特征固定下来（图 2-7-2）。

图 2-7-2　佛祖

花瓣、萼片以及唇瓣形状的异化在许多情况下均与栽培条件、使用肥料及激素有关，所以许多“龙头花”及“珍珠花”是不稳定的。

八、奇花与奇色花的复合

花朵的异化与花朵颜色的异化，在许多情况是组合在一起的，成为多重艺术欣赏的集合体。这种集合体具有较高的艺术欣赏价值。

从遗传学的角度出发，花朵的异化及花色的异化，正如正常的花朵及正常的花色一样是由不同的基因所控制，照理它们不是互补关系。应该存在几种可能，一是可能共同产生异化；其次是不产生任何异化；再者是有可能只出现花朵结构的异化而花色维持正常的状况，或花色产生异化而花朵的构造维持正常。事实上，这三种情况均是现实存在的，只不过第二种情况较普遍出现，第三种情况出现的可能性比较大，第一种情况出现的概率比较低。所以前者比较难得，因而在国兰艺术市场上具有较高的开发潜力。

图 2-8-1　梅蝶

花朵构造的异化与花色的异化的组合，从目前发现的情况来归类，可以认为有多种形式，但主要的有：

1. 素心与花朵的异化

这种异化的组合首先是素心花色，在这个基础上其花朵的构造也产生了异化。这种在以"花以素贵"的传统欣赏标准上，加入了现代的多元的奇花艺术的欣赏内容，成为国兰艺术新的奇葩。

这些组合体计有建兰的"七仙女"、墨兰的"绿云"等。"七仙女"是建兰素心，其唇瓣花瓣化，而"绿云"则是报岁兰的绿色素色花。后者在唇瓣花瓣化的同时，其蕊柱出现小型唇瓣及小型花瓣的瓣数增加等多种异化，成为色花与奇花结合的经典。

图 2-8-2　花溪荷蝶

2. 瓣形与花朵的异化

这种组合主要体现在中国传统的瓣形学说的"上品"瓣形与花朵的构造异化的结合。这是一种正在全力追求的欣赏热点。这些品种较有代表性的是墨兰的"梅蝶"（图 2-8-1）和"花溪荷蝶"（图 2-8-2）。"梅蝶"是以其花朵的花瓣蕊柱化或称雄蕊化而著称，形成了中国传统的标准"梅瓣"，而其两片侧萼片则出现了半唇瓣化，形成了俗称的"蝶瓣"，它们的结合形成了真正意义上的"梅蝶"。"花溪荷蝶"顾名思义就是其花朵异化成了"荷瓣"，在"荷瓣"的基础上，其两片侧萼片产生了

图 2-9-1　线艺荷

半唇瓣化，出现了“蝶瓣”，所以成为“荷蝶”。其实，像“荷蝶”、“梅蝶”、“绿云”（墨兰）等多种异化的组合说明，花朵的构造的各种异化以及花色的各种异化都可以各自组合或多种形式的组合，这就是国兰艺术的魅力所在。

九、奇花与其他的国兰艺性的结合

作为花朵构造的异化，在所有的兰花植株上均有机会出现，包括国兰中兼具其他艺术欣赏内容的植株。它们具体有：

1. 花朵异化与叶片线艺

与矮种会出现花朵异化同样的道理，叶片出现线艺（包括水晶艺）的品种照样能够开花甚至结果，产生有性世代。既然这样，其花朵也可以出现异化。而花朵出现异化的植株也可以出现线艺。这样由多方向发展的结果，其出现多重艺性的可能性更大。因此，这类品种比较多，如墨兰奇花“大屯麒麟”、“国香牡丹”、“花溪荷瓣”等均是在奇花的基础上经过栽培出现了线艺。而“线艺荷”（图 2-9-1）则是线艺的品种开出了荷瓣花。

另一名品“玉妃”则是在花色异化的基础上出现了各种艺向的、集奇色线艺于一身的品种。

线艺与奇花的结合俗称“花艺双全”，是传统与现代的结合，是国兰艺术中各种流派逐步走向高级阶段的共识的具体体现，也是目前兰艺界普通认同的艺术欣赏的热点。

2. 花朵的异化与矮种

矮种本身是国兰的兰株出现矮化的异化。矮种的植株也能完成发育和开花结果的生理过程。既然能开花就有可能出现花朵的异化，因而也有可能形成多种艺性的植株。矮种开奇花的植株是比较难得的，但也并不鲜见。例如四川省产的建兰（四季兰）“高

图 2-9-2　高瓢雪莲

瓢雪莲”（图 2-9-2）就是矮种开白色素花，且瓣形为荷型，具有主萼片与花瓣粘连等异化，加上植株为中矮奇叶，所以，它属于多重艺性集于一身的品种。

十、花朵上色斑形态的艺术

兰花萼片、花瓣和唇瓣上的颜色鲜艳的红色斑块，在国兰艺术上也被作为一个欣赏内容，特别是唇瓣的上唇上的色斑块的构成，更是各具特点，有的“中原一点红”，有的白色镶边而全舌红色，有的三点成“品字”，变幻莫测，千奇百怪。这些特性有的成了一些品种的标志性特征。通常这种处于唇瓣上的色斑，假若是受细胞核基因的控制，其色斑是稳定的。然而，许多花瓣上的花纹是由细胞质内细胞器如线粒体遗传的。由于细胞质的细胞器在细胞分裂过程中，其分裂不是对等分裂，因而会出现遗传的不一致性。虽然在某次开花时有斑点的存在，但不一定是维持了过去或原来的特征。同时，由于“嵌合体”的存在，也会导致这种色斑出现不一致性。因而，挑选这类品种时，要经过多次开花检验才能够确定下来。

不过，唇瓣上的色斑或色点，确实是有相当艺术性的，如果它能与其他条件相配合，比如“荷瓣”等，也不失为一种艺术的协同效应。

十一、花朵异化的分子生物学分析

分子生物学的分析是最近才用于国兰的花朵异化的表型与基因的关系检测，以揭示兰花的花朵异化与植株生长的关系。下面就以建兰的植株在不同分蘖上开出不同花朵为例进行这方面的探讨，以便为花朵异化的更深层次研究提供方法。

以同株兰花不同分蘖能开出不同花朵的兰叶作材料（见图2-11-1），从不同分蘖的叶子中提取RNA，反转录得到不同的cDNA片段，再用cDNA做模板进行PCR扩增，从扩增产物的不同来阐明它们在分子水平上的差异，也从另一个侧面说明兰花细胞中遗传信息的不均一性。

1. 材料与方法

(1) 材料　兰花材料采自深圳市梧桐山苗圃总场兰圃。抽提 RNA 试剂盒 Trizol

Reagent kit 和反转录试剂盒 SuperScript TM Preamplification System Kit 均系 GIBCOBRL 公司产品。

(2) 引物　三条锚定引物PT1、PT2、PT3由上海生工生物工程公司合成，引物序列如下：

PT1: 5' AAGCTTTTTTTTTTTA '3

PT2: 5' AAGCTTTTTTTTTTTG '3

PT3: 5' AAGCTTTTTTTTTTTC '3

(3) 方法

① 兰花总RNA抽提　称取1g鲜叶，用蒸馏水洗净后剪碎放于研钵中，加少许石英砂，加入液氮进行研磨至粉末。加入5mL Trizol Reagent 混匀，移入15mL离心管中，室温下放置5min，加入1mL 氯仿，在振荡器上剧烈振荡15s后，放置2～3min。于4℃ 12000 r 离心15min。轻取上清于另一离心管中，加入5mL氯仿，重复抽提一次。加入3mL异丙醇，室温置10min，4℃ 12000 r离心10min后，沉淀RNA。去上清，加入5mL75%乙醇（DEPC水配制）洗涤RNA，4℃ 7500 r离心5min沉淀RNA，去上清，自然风干后加入适量DEPC水溶解RNA。取少许样品作0.8%甲醛变性琼脂糖凝胶电泳检测RNA是否完整以及RNA浓度，余下样品直接进行DDRT-PCR或置于-80℃下存放备用。

图 2-11-1　同一植株不同分蘖开出不同花朵
（左上为花瓣雄蕊化的花朵，右下为正常的花朵）

② 利用锚定引物反转录合成cDNA第一链　分别取1号样品（花瓣雄蕊化的分蘖）和2号样品（花瓣非雄蕊化的分蘖）各8μL于0.2mL Eppendotf管中，加入1μL锚定引物混匀后，70℃下温浴10min后冰浴2~3min，每管分别加入2μL 10×RT-PCR Buffer，1μL10mM dNTP，2μL0.1M DDT，2μL25mM MgCL2混匀后42℃预热5min，再加入1μL SuperScript Ⅱ反转录酶，42℃下温浴60min后70℃加热15min终止反应，再加入1μLRNase H 37℃ 20min以消化RNA 。反转录产物直接进入PCR体系或置于-20℃下存放备用。

③ DDRT-PCR扩增反应　本研究利用Random Hexamers结合锚定引物对反转录产物进行PCR扩增反应。扩增反应体系如下:

NO.	1.1	1.2	1.3	2.1	2.2	2.3
Template	样品1			样品2		
cDMA	5	5	5	5	5	5
10×PCR Buffer	2	2	2	2	2	2
2mM dNTP	2	2	2	2	2	2
25mM $MgCI_2$	1	1	1	1	1	1
PT1	1	0	0	1	0	0(4μM)
PT2	0	1	0	0	1	0(4μM)
PT3	0	0	1	0	0	1(4μM)
Random Hexamers	1	1	1	1	1	1(4μM)
Taq	1	1	1	1	1	1(1.5μ / μL)
超纯水	7	7	7	7	7	7

总计　20μL

反应参数:

94℃预变性5min，每个循环按93℃ 变性1min，36℃退火2min，72℃延伸2min，共进行40个循环。反应完毕后取5μL进行电泳检测。

2. 结果

(1)兰花叶片总RNA的提取及电泳

用供试兰花建兰同株不同分蘖的叶片作材料，按照Trizol Reagent kit要求提取总RNA，抽提的总RNA用DEPC水溶解后取10μL在1.0%的琼脂糖凝胶上电泳。电泳图见图2-11-2。从图中可见，兰花叶片总RNA是完整的，28s和18s RNA的泳带清晰且亮度较大。

(2)兰花锚定引物-PCR扩增的差示

上述不同叶片的总RNA作模板，分别用3种设计合成的锚定引物进行反转录，再以反转录合成的cDNA为模板，锚定引物 配合Random Hexamers进行PCR扩增，取扩增产物进行电泳。如用PT1配合Random Hexamers，以cDNA为模板进行PCR

扩增，扩增结果见图 2-11-3。如图 2-11-3 所示，兰 1 比兰 2 多出一条电泳的区带。在两组相应的区带中明亮度亦不同。显示出同株两个叶片转录 RNA 的差异。

同理，用PT2及PT3引物进行RT-PCR扩增，结果见图2-11-4、2-11-5。PT2引物扩增的兰 1 的条带多而清晰，兰 2 则少而略暗。PT3 引物的情况也与 PT2 相似。由此可见，3 种锚定引物在兰 1 及兰 2 的cDNA 模板的PCR 扩增结果较相似，均呈现明显的差示。

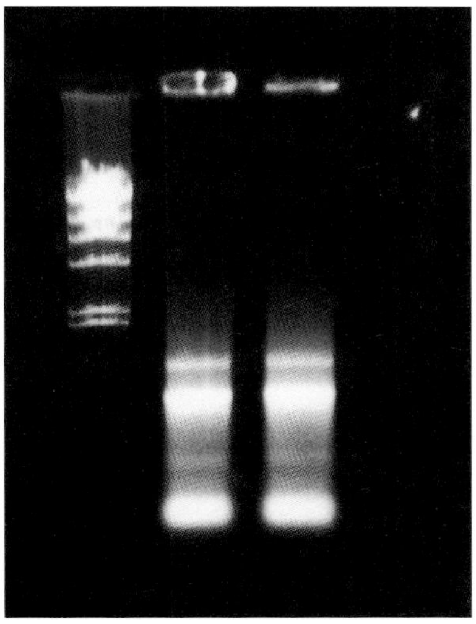

图 2-11-2 兰花总RNA 电泳图
1. λ DNA/Hind III Marker
2. 兰 1 总 RNA
3. 兰 2 总 RNA

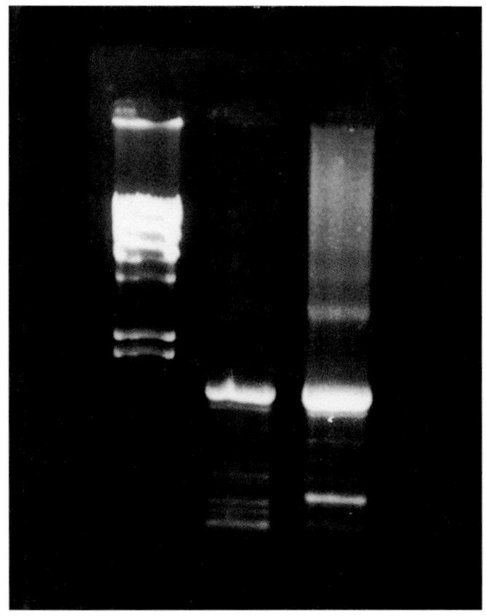

图 2-11-3 PT1 和 Random Hexamers PCR 扩增
1. λ DNA/Hind III Marker
2. 兰 1 PCR 扩增产物
3. 兰 2 PCR 扩增产物

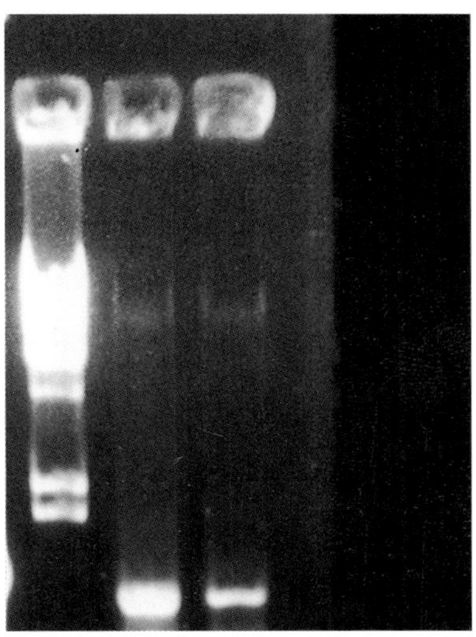

图 2-11-4 PT2 和 Random Hexamers PCR 扩增
1. λ DNA/Hind III Marker
2. 兰 1 PCR 扩增产物
3. 兰 2 PCR 扩增产物

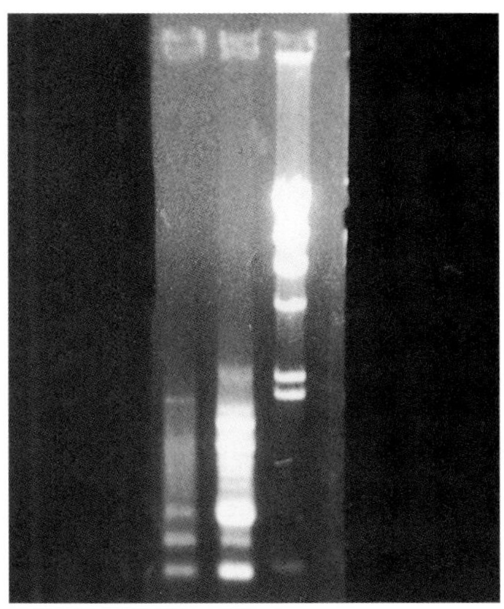

图2-11-5 PT3 和 Random Hexamers PCR扩增
1. 兰 2D PCR 扩增产物
2. 兰 1 PCR 扩增产物
3. λ DNA/Hind III Marker

以上结果报告了国兰建兰同株不同分蘖叶片中RNA的差示。通过总RNA作模板反转录合成cDNA，再进行二次PCR，扩增产物的电泳显示着不同叶片的RNA存在着较大的差异。这表明兰花在分蘖过程中植株出现不同表型，是随机性的。为此，进一步从分子水平上探讨兰花在分化过程中的调控机制，为培育艺兰探索新的途径。

为进一步查明同株兰花不同分蘖叶片上的核酸分子差异，以及这些差异与表型的关系，可回收其中差异带克隆作序列分析，通过Genbank及相关数据库，有望发现新的基因，更深层次的探讨兰花变异频繁的机制，这将是非常有意义的。

十二、国兰的杂交

兰花是一个高度演化的植物群，其种间互相杂交较为常见，容易出现一些杂交的新品种。这些杂交方式一般有：

在自然的条件下，由于国兰的不同种类混生在一起，如果它们花期处于同一时期，就会容易产生天然的种间杂交。这种杂交是有性繁殖，因而可能产生新的品种。其实天然杂交已产生了许多新种类，如兔耳兰与建兰的杂交就已产生了它们之间的中间类型，连花期都是处于它们两者之间，既比建兰迟又比兔耳兰早。一般认为，春剑是春兰与蕙兰（九华）的中间类型。当然，必须从植物学角度进行严格考证才能弄清它们之间的关系。

不过，这种天然杂交被认为是产生花朵异化的条件之一，比如“大屯麒麟”就有人认为是自然杂交的结果。因此，将国兰的杂交，包括天然杂交与人工杂交，放在这里进行讨论就是出于这样的考虑。

人工杂交是通过人为的方法进行杂交，从而产生新的后代，以便筛选新的优良的观赏性状。人工杂交在“大花蕙兰”育种中是经常采用的方法，其目的性较强，出现了令人满意的效果。而国兰的种间有性杂交在近年也开展较多，据说，将“奇龙”（图2-12-1）与“吉福龙梅”（图2-12-2）作为父本或母本相互杂交，将其杂交的种子进行人工培养，产生的许多新个体成长后开出的花朵其瓣形异化的结果令人满意，出现观赏价值较强的“荷瓣”花，比“奇龙”及“吉福龙梅”的花更具艺术感染力。不过，国兰兰艺界多数崇尚自然，拒绝人工的东西，特别是试管苗。

图2-12-1　奇龙

其实，从更深的层次来考虑这一问题的话，

图 2-12-2　吉福龙梅

可能亦有正面作用，比如具线艺的品种与奇花、奇色品种杂交产生综合体的后代，就会比在自然的植株中挑选具类似特色的品种容易些。尽管在国兰人工杂交方面培养的后代，其性状表现差强人意，但在技术上还存在许多尚未解决的问题。虽然如此，这不失为国兰走向国际化的一条路子。这条路似乎被日本和韩国先走了一步。他们将春兰与墨兰进行人工杂交，并通过细胞分生培养，出现了所谓的新的“大富贵”（图 2-12-3），具有春兰植株、墨兰与春兰的中间类型花序，开出了大荷瓣的花朵。由于这些品种较符合国兰的欣赏标准和潮流，所以很快就充斥了中国的兰花市场。人工杂交和细胞培养使得欣赏潮流的更替由以往的4～5年变为2～3年或甚至更短。这对国兰传统的市场运作产生了很大的冲击，希望引起业者的注意，以便改变经营手法，开拓新的市场。

十三、奇花的选择

国兰花朵的异化虽然是国兰欣赏艺术的主要内容，而国兰的不同品种在一年当中花期总是很短的。诚然，面对带花的植株来挑选品种是比较准确的，而在非花期来挑选就没有那么容易了，特别是在幼苗时期更是有一定的难度。当然，也并非没有规律可寻，只不过其准确性不大而已，但在这种情况下也不应轻易放弃。国兰花朵异化的选育通常要从两个方面入手。

图 2-12-3　大富贵

1. 在花期的挑选

当国兰处于开花之时应是挑选兰株奇花的良机，因此要把握好这一时机。

在花期挑选花朵奇异的品种需要注意以下几个方面：

首先，在花朵尚未张开的时候要看花苞，看花苞的外形有没有异样的形态。如果是多唇瓣化的花朵，其花苞饱满并在外表面产生不均衡外突，尤其在“凤眼”处可看到唇瓣的下唇的外露部分。若花苞具有顶端生长的能力，就可从萼片基部看到蕊柱的基部，发现其伸长形成新的子房和花梗。

"蝶花"，特别是侧萼片唇瓣化的花朵，较容易看清楚，当其花苞出现排铃时就可以从花苞基部看到半唇瓣化的部分。若是花瓣唇瓣化的花朵，在花朵尚未张开时就较难发现，只有摘下一个花苞将其萼片松开以便弄清其中的底细。

花朵奇异化要彻底掌握其形态，最好的办法就是让它在自然条件下完全自然开放，这样就可以看到整个花序的情况,以判别其花朵异化的状况以及这种异化的遗传稳定性。

一般认为，花朵异化的稳定性应借助于花朵异化的一致性来判断。一个植株上的花朵异化如果完全一致，其遗传的稳定性较高，若有个别花朵的异化没有发生，特别花序顶部的花苞如果正常而不出现异化的话，多数是不稳定的。所以，在兰花市场上检查一株兰花是否属于花朵异化的品种一定要看其花苞是否齐全，不要听信什么"虫咬"、"不小心碰掉"之类的表白。

当然，像花瓣唇瓣化以及蕊柱唇瓣化之类的异化，有可能每一个花朵的唇瓣数量并不一致，有的5片唇瓣或甚至达8片唇瓣，若这类异化是稳定的话，其唇瓣数量不会少于3片。

只有顶端一个花苞而其他的花苞不出现异化的花朵，是不足以说明其遗传稳定性的。一般说来这种花朵的异化有可能很快消失，甚至到了翌年复花时其花朵的异化就根本难以见到其踪影了。

看兰株花朵异化是否稳定，除了看其全部的花苞是否具有一致性外，单看一次开花仍然是不够的，需要看它2~3次复花。复花数次的花朵具有相同的异化的一致性，那么就可以肯定其稳定性八九不离十了。

2. 非花期的挑选

花艺的欣赏是国兰艺术的一个主要方面，它是中国兰界最传统的欣赏习惯，贯穿于整个国兰文化。花艺的欣赏是随着时代的发展而发生变化的。从欣赏兰花的幽香开始，到素心、瓣型(梅、荷、水仙瓣)、奇型奇色花而逐步发展。而现在追求奇型奇色花成了花艺欣赏的一个热点。因此，发掘和培养出某种奇型奇色花是兰花爱好者梦寐以求的事。但这确实是可遇而不可求的。兰界前辈曾经说过，除非兰花正开着花，否则，谁也不能断定它是否开奇花。可想而知，在奇花的选种上是多么困难！然而，每一个植物的存在必然产生一些可以辨认的性状。我们从它的外部性状应当可以识别出不同的表现形态或表征，寻找出统计学的一些相关性状，为奇型花的鉴定提供一些参考依据。

奇型花通常具有以下可供参考的经验特性和相关性:

叶片　叶片常常像宽叶类与细叶类的中间类型，形如墨兰，但细长又像寒兰或四季兰，例如十大奇花中的"大屯麒麟"(多瓣)、"文山奇蝶(蝶花)"、"玉狮子"(多瓣)等；有的叶缘具较粗锯齿，且中脉具倒锯齿，如"大屯麒麟"；有的叶面具皱纹或有

图 2-13-1　馥翠

不规则的突起，例如“奇龙”(梅瓣)、“馥翠”（图2-13-1)(三舌)的叶面凹凸不平，较易辨认。

叶片钝圆或“高瓢”状的通常开梅瓣或荷瓣花。而矮种叶形或奇叶类的植株有较大可能开出奇型花。

根系　目前发现的奇型花均有鹿角状根系。似乎可以这样认为，奇型花的根系容易出现分枝，但观察的实例不够，尚需作进一步研究。

叶甲　一般认为叶甲圆钝者可能开荷瓣花，多数已经选出的荷瓣花品种具有此种特征；叶甲圆钝而其甲尖向内勾者可能开梅瓣花；叶甲卷曲者多数开多瓣奇花，如“馥翠”、“国香牡丹”（图2-13-2）等；叶甲排列错位者也有可能开奇花。

有这些特征的虽有开奇型花的可能，但也不一定开奇型花，其相关性的可信程度如何是难以下定论的。但可以肯定的是，开奇色花者与某种表征具有密切的相关性。也就是说，开奇色花是有预兆的。

通常新芽具有鲜艳色素的，开的花较为鲜艳。一般开红花具有的条件是：新芽为红芽、白芽或黄芽；新芽黄色或白色，逐渐成长后转绿成腐底的；大扫尾者。而叶片较灰或白叶也有可能开红花，但若其叶甲不具相应的色素，开红花的可能性就较小了。说到底开奇色花的植株，其颜色早已在初出芽时的叶甲内表现出来了，如“桃姬”、“樱姬”、“桃琳”（图2-13-3）等。

图 2-13-2　国香牡丹

图 2-13-3　桃琳

新芽呈透明状，初出叶透明、白色或鲜黄色者多开透明鲜艳的奇色花，如墨兰的“玉妃”，寒兰的“丰雪”均开鲜艳色泽的透明花。

新芽带有色素，成株后假鳞茎或叶柄带有相应色素者，其开出的花朵也具有相应色素。如“玉兰花”（图2-13-4）其球茎、新芽、叶柄甚至根部均具鲜黄色，开出了黄色带绿覆轮的奇色奇型花。

新芽的叶甲具多种色素者可能开复色花。

花芽出土时呈鲜红色或红色，而植株的新芽不具有相应色素，则不可能开出鲜红或红色花。而白叶或黄叶属于后明性的，其开奇色花的机会不大。

素心兰的叶甲不具杂色素，而且色泽较润。

奇色花的色彩，还会受到栽培环境影响。有的在较冷时色彩更明显，如“桃姬”；有的在较热时色彩更鲜艳，如“凤凰”（图2-13-5），但基本色素无论怎样都会存在。因此，在鉴定时也要考虑栽培环境。

图2-13-4　玉兰花

图2-13-5　凤凰

十四、奇花的栽培

兰株在营养器官生长的基础上，在适宜的外界条件下，最后分化出生殖器官——花。生殖器官的出现是植物个体发育上一个巨大的转变，它是一个比营养器官分化更为复杂的生理过程。

影响兰株开花的首要因素是温度。一般认为低温对开花有促进作用，特别是春兰类的品种，在比较寒冷的地方栽培较易开花及开花数量多，而在炎热的地区不易开花或开花量少质差。但是，墨兰、建兰、寒兰等似乎对春化作用不大在乎，亦即对低温春化的要求是不严格的。

影响兰株开花的另一个因素是光照。春兰开花要求较长的日照，比如在广东兰室内补充光源，春兰的花会开得较好。这主要是较长的光照时数，有利于花芽的形成。墨兰在白天短、夜间长的环境下，易形成花芽。而寒兰、建兰的成花，对光照时数没有严格的要求，只要其他条件合适，都能使其开花。所以，在兰花的商品市场上，墨兰和春兰要求带花苞上市比较容易，建兰次之，寒兰就比较困难，因其花期不统一。

兰株开花除受温度、光照影响外，还受栽培基质含水量及矿质营养的影响，因此在温度、光照适宜的条件下，必须要有合理的水肥管理，才能使兰株正常发育开花。当然，其基本开花条件就是要假鳞茎“结头”。

有些时候，为求兰株都带花上市供应市场，可以使用赤霉素或脱落酸等。

这类激素是兰株新陈代谢的产物，它在某一器官内形成，可以转运到其他器官。这些物质在体内含量极低，而生理活性很强，对兰株生长、开花和果实发育起调节和控制作用。然而为追求商品生产量，在兰花的栽培中多应用激素。应用比较多的是生长素和细胞分裂素，其主要生理作用是促进细胞的分裂、伸长、增大，也有促进组织分化的作用。市售的激素类产品多含有生长素。但应该注意的是，生长素只在一定的浓度范围内起促进生长的作用。在这个范围内，浓度越高，促进作用越大，但超过最适浓度时，不但不能促进生长，反而会抑制生长。如“美能露”对新芽萌发、叶片伸长、新根生长有促进作用，然而浓度过高会多发新芽而抑制叶片萌发，尤其是细胞分裂素更易造成这种现象。这主要是过高的浓度，可能破坏了正常生理过程，在应用时应采取审慎态度。不同的品种对激素的敏感程度不一样，如建兰（四季兰）对“美能露”敏感，易取得较好的效果。

“美能露”对促进兰株发根、营养吸收有明显作用。分盆兰株经过浸泡后，缩短了其恢复期，使新根易发，芽也萌发得较多和较早。

“多效唑”在低浓度时对兰株有矮壮的效果，也有促进艺性的分化作用。但浓度过高会造成新芽生长停顿或不易萌发，根系增粗但易腐烂等，产生的艺性不稳定。使用时，更应慎重，最好是不要使用。

国兰的成花因素，特别是人工可调控因素，从生理角度有所了解后，可以根据不同的要求采取一些措施。因为花朵奇异的品种均以赏花为主要目的，那么促使其开花始终是一个主要问题。我们应当着重从几个方面作出安排:

第一，光照。除了长短日照的品种自身对光照的需求外，提高光照强度会促进“结头”，使假鳞茎增大从而使植株容易开花。若太遮荫，出现徒长的营养生长，就难以开花。

第二，控制水分。水分减少有利于抑制植株的过分营养生长和防止分蘖，有利于花芽的分化。

第三，多施磷钾肥。减少氮肥的施用。增加磷钾肥料，可以满足假鳞茎的增大，尽快完成营养阶段，进入生育阶段，加速花期的来临。

第四，增加环境条件的胁迫作用。亦即促使植株逆境生理的发生。因植物在逆境条件下，为了延续后代，会尽快进入生育阶段，提早开花结果。

第五，提高环境的昼夜温度，以促进花芽的分化和花葶的成长。

但是，春兰、春剑、墨兰与建兰对开花环境条件的要求是有所不同的，应当根据实际情况，采取不同的措施。

十五、国兰奇花中某些现象的讨论

上面已对国兰奇花的许多方面进行了描述与讨论，或许读者会对国兰奇花的“艺术”有一个大概的了解。然而，仍然存在一些令人费解的现象。例如作者最近在墨兰与春兰中看到，在正常的、无异化的花朵中，其花瓣的中缝线的内外两侧各着生出一朵其构造与一般花朵无异的花朵。虽然，它们比“母花”的形态小一些外，但它们确实是“麻雀虽小五脏俱全”，萼片、花瓣、唇瓣以及蕊柱均具正常的形态，并且能够正常开放。这种现象分别见于“墨兰子母花”与“春兰奇蝶”中（图 2-15-1；图 2-15-2）。

在国兰的花朵中，萼片、唇瓣、花瓣以及蕊柱的异化，虽则变化多端。但是，它们只在数量上增加或是形状上相互异化，而在花瓣上再生花朵在国兰的奇花现象中还

图 2-15-1　墨兰子母花

图 2-15-2　春兰奇蝶

是首次发现。这对于今后培育国兰奇花新品种似有某种意义。但是，这些“小花”或“子花”的花粉团块是否能育，子房在授粉后可否膨大、产生种子，种子可否萌发，均不甚清楚。

花是植株的生殖的组织形态，其功能是整体的。然而，在这个整体的局部中又产生了一个整体的生殖功能，那么，原有的花朵在植株上处于什么地位，是枝条的变态，还是叶的变态，而花朵上分生的花朵又处于什么地位，这个问题是值得探讨的。为什么花朵的器官组织上可以分生出花朵呢？可能是这些组织只存在可以产生花朵的花原基。这些花原基在条件适合时可以产生新的花朵。这就可以利用花的组织进行人工培养产生新的整体花朵，完成新的生命世代。如果是这样的话，传统的观点认为生命周期可以缩短，但不可逾越，就会受到了冲击。因为花朵可以直接产生花朵，不需营养生长时期，超越了植物的生长周期。这当然只是一种假设，这是国兰的花朵现象给我们提供了假设的基础。现暂录于此，以待今后进一步的研究。

第三章

奇花名品鉴赏

陈俊愉题

素心奇花

线艺白花新品

素蝶　　栽培者　陈少敏　刘仲健

皇帝　栽培者　陈成钊　刘仲健　吴承武　陈少敏

白玫瑰　栽培者　陈少敏　刘仲健　杨秀德　林仲贤

黄金　　栽培者　中国兰谷

春剑素心　　栽培者　王学长

白云　　栽培者　李映龙

四季兰荷素

雪梅(四季兰)　　栽培者　陈少敏　刘仲健　游宪猛

绿云仙女(四季兰)　　栽培者　陈少敏　刘仲健

夏兰奇花奇叶素心　　栽培者　钱登荣　陈少敏

夏兰奇素 栽培者 钱登荣

春兰素 栽培者 徐公明

夏兰奇花 栽培者 蹇法德

夏兰素奇 栽培者 徐公明

素花水仙（春兰）

栽培者　中国兰谷

白云　　栽培者　李映龙

春兰白花　　栽培者　蹇法德

春兰红花素心　　栽培者　杨明九

春兰素心　　栽培者　蹇法德

西蜀道光

绿心素　　栽培者　徐公明

寒兰素心 栽培者 中国兰谷

寒兰素心 栽培者 王延忠

寒兰素心 栽培者 中国兰谷

寒兰素心 栽培者 刘世渡

寒兰素心 栽培者 刘世渡

寒兰素心 栽培者 刘世渡

春剑多瓣素心　　栽培者　刘仲健

太清素

春剑素心　　栽培者　王学长

春剑多瓣素心　　栽培者　中国兰谷

报岁荷型素心新品

栽培者　林仲贤　刘仲健

报岁荷型素心新品

中国兰谷

报岁素心荷型新品 中国兰谷

下山绿花线艺新品

栽培者　陈少敏

白玉素锦（右图为其花）

栽培者　陈少敏　刘仲健　游宪猛　林盈竹　傅得胜　林繁雄　陈财宝　杨石磷

白玉素锦 栽培者 陈少敏 刘仲健

白花新品 栽培者 中国兰谷

白花新品 栽培者 中国兰谷

线艺白花新品种 栽培者 中国兰谷

皇帝 栽培者 陈成钊 吴承武 刘仲健 陈少敏 陈述华

皇后 栽培者 刘仲健 陈少敏 陈成钊

皇后 栽培者 刘仲健 陈少敏 陈成钊

东方白玉　　栽培者　陈少敏　林伟文　叶富松　刘仲健

报岁素心　　栽培者　中国兰谷

素心虎碧金龙　　栽培者　陈少敏　刘仲健　游宪猛

荷瓣奇花

春兰荷瓣新品 栽培者 中国兰谷

春兰新品　　　　栽培者　中国兰谷

豆瓣新品　　　　栽培者　中国兰谷

春兰新品　　　　栽培者　中国兰谷

春兰荷瓣 栽培者 徐公明

春兰荷瓣　　　　栽培者　中国兰谷

黄花荷瓣(春兰) 栽培者 张俊云

送春杂交品种 栽培者 孟昭辉

春兰荷瓣 栽培者 莫岱祥

黄花荷瓣（春兰）

春兰黄花　　栽培者　王学长

春兰荷瓣　　　　栽培者　徐公明

春兰荷瓣　　　　栽培者　徐公明

春兰豆瓣　　　　栽培者　徐公明

春兰荷瓣 栽培者 王绍留

春兰荷瓣 栽培者 张国栋

春兰新品 栽培者 中国兰谷

春兰黄花 栽培者 罗文典

翡翠(春剑)　　栽培者　徐公明

春剑新品

荷王(四季兰)　　栽培者　中国兰谷

荷瓣新品(四季兰奇叶矮种)　　　　栽培者　中国兰谷

奇叶新荷(四季兰)　　栽培者　中国兰谷

荷塘望月(四季兰奇叶矮种)　　栽培者　中国兰谷

春剑新品 栽培者 徐公明

春兰新品

春剑复色荷瓣 栽培者 蹇法德

四季兰奇叶新品 栽培者 中国兰谷

荷花水晶 栽培者 陈少敏 刘仲健

荷瓣新品(四季兰) 栽培者 中国兰谷

春剑荷瓣 栽培者　李学林

春剑新品 栽培者　李学林

春剑荷瓣 栽培者　李学林

春剑荷瓣 栽培者　李学林

春剑荷瓣 栽培者 李学林

春剑新品 栽培者 徐公明 杨明九 刘江

春剑新品 栽培者 李学林

春剑荷瓣 栽培者 李学林

春剑荷瓣 栽培者 李学林

莲瓣荷

莲瓣荷

春剑新品 栽培者 罗文典

春剑新品 栽培者 中国兰谷

春剑黄花荷 栽培者 李学林

巨荷　　栽培者　中国兰谷

荷瓣新品　　栽培者　中国兰谷

荷瓣新品　　栽培者　中国兰谷

含笑荷　栽培者　张　钜

春兰荷瓣　栽培者　周泽均

旭日争辉　栽培者　罗文重　罗文典

扑风翼　栽培者　陈桂林

春兰荷瓣

如意荷　栽培者　廖本金　黄忠明

凤仙

栽培者　中国兰谷

无柄荷 栽培者 南海兰协

荷瓣新品

矮种荷瓣 栽培者 刘达雄

春兰下山新种　　栽培者　许宗新

报岁荷瓣新品　　栽培者　中国兰谷

矮种荷瓣　　栽培者　中国兰谷

春剑荷瓣(复色)　　栽培者　陈　波

荷瓣新品 栽培者 中国兰谷

荷瓣新品 栽培者 中国兰谷

矮种荷瓣 栽培者 中国兰谷

荷瓣新品 栽培者 中国兰谷

荷瓣新品 栽培者 中国兰谷

荷瓣新品 栽培者 中国兰谷

绿宝鼎 栽培者 金定先

多瓣奇花

新山奇

栽培者　刘仲健　林仲贤

蕊蝶 栽培者 肖猷宏

三舌奇花 栽培者 中国兰谷

巨龙(春兰) 栽培者 徐公明

神州奇 栽培者 中国兰谷

神州奇 栽培者 中国兰谷

彭州牡丹 栽培者　兰老根

报岁奇花

凤苗 栽培者　冯锡海　罗社福

宝山奇

栽培者：刘仲健
陈秋生
刘寿禄

珠海渔女　　　　栽培者　中国兰谷

彭州牡丹

岭南奇蝶　　栽培者　陈少敏

报岁多瓣奇花新品　　　　栽培者　南海兰协

墨兰子母花　　　　栽培者　中国兰谷

墨兰子母花　　栽培者　中国兰谷

寒兰新品 栽培者 赵优胜

岭南国香 栽培者 陈少敏

岭南国香 栽培者 陈少敏 刘仲健

群星荟萃 栽培者 中国兰谷

群星荟萃 栽培者 中国兰谷

东方明珠　　栽培者　陈少敏　刘仲健　林小勇

群星荟萃 栽培者 中国兰谷

比翼鸟

比翼鸟 栽培者 中国兰谷

奇花新品

奇花新品

下山奇花 栽培者 陈少敏

鸿福荷(线艺荷)　　栽培者　郭铭新

奇花新品

春兰奇荷 栽培者 杨建国

群星荟萃

栽培者　中国兰谷

春兰奇花巨龙 栽培者 罗文典

春兰奇花 栽培者 徐公明

春兰奇蝶　　栽培者　徐公明

春兰多舌奇花　　栽培者　罗文典　杨明九

春兰奇花 栽培者　徐公明

春菊 栽培者　罗文典

春兰奇蝶 栽培者　徐公明

春兰奇蝶 栽培者 徐公明

春兰多瓣 栽培者 徐公明

巨龙（春兰）　　栽培者　罗文典

春兰奇花 栽培者 徐公明

春兰多瓣蝶花 栽培者 徐公明

春兰奇蝶 栽培者 徐公明

春兰多舌 栽培者 齐长发

春兰蝶花 栽培者　陈宏澡

春兰奇花 栽培者 徐公明

春兰奇花　　栽培者　徐公明

春兰多舌奇花 栽培者 徐公明

春兰奇花

春兰奇花　　栽培者　杨明九

春兰奇蝶 栽培者 徐公明

春兰奇花 栽培者 徐公明

春兰奇花

春兰蝶花

春兰水晶奇花 栽培者 钱登荣

春兰奇花(多舌多瓣) 栽培者 徐公明

春兰奇花(多瓣) 栽培者 徐公明

蕙兰奇花新品 栽培者 吕容壁

下山蕙兰奇花

下山蕙兰奇花　　栽培者　刘小鋆　陈少敏

国香牡丹　　　　栽培者　莫岱祥

四季兰奇花新品 栽培者　中国兰谷

夏 蝶　　　　栽培者　塞法德

四季奇花　　栽培者　高兴明

四季奇花　　栽培者　中国兰谷

四季兰奇蝶

四季兰奇花

四季奇花 栽培者 中国兰谷

四季奇花　　栽培者　中国兰谷

夏兰奇花　　栽培者　吴道高

瑶林翠玉　　　　栽培者　任刚

龙蝶传人 栽培者 任 刚

夏兰奇花　　栽培者　熊宗义

夏兰奇花

夏兰双舌

栽培者　张俊云

夏兰双舌 栽培者 张子元

夏兰奇蝶

三蕊蝶

火炬　　栽培者　钱登荣

春剑奇花　　栽培者　钱登荣

复色三舌　　栽培者　冯锡海　罗社福

春剑三星蝶　　栽培者　王元修　王学长

春剑奇花　　栽培者　林昭军

三星蝶 栽培者 周家长

三星蝶 栽培者 周家长

春剑奇花 栽培者 钱登荣

五彩麒麟 栽培者 齐长发

奇花新品

黑猫（春兰）

春剑红花 栽培者 周玉明

春剑奇花

春兰奇花 栽培者 谢明发

下山奇花

圣佛 栽培者 冯锡海 罗社福

秋墨奇花 栽培者 王绍留

飘逸 栽培者 冯梦初 潘志远

多舌奇花（春兰）

栽培者　许崇新　盛兴志

白牡丹 栽培者 谢明发 谢文胜

唇瓣化奇花

蝶花新品 栽培者 中国兰谷

蝶花新品　　　　栽培者　中国兰谷

蝶花新品　　栽培者　中国兰谷

蝶王

栽培者　中国兰谷

彩凤蝶 栽培者 陈少敏 刘仲健

报岁线艺蝶花 栽培者 中国兰谷

蝶花新品

蝶花新品

翡翠蝶

蝶花新品

翡翠蝶

栽培者 陈少敏

虎碧奇蝶 栽培者 陈少敏 陈财宝

下山蝶 栽培者 陈少敏

花溪荷蝶 栽培者 陈少敏 刘仲健 游宪猛

报岁蝶花　　　　栽培者　中国兰谷

报岁三舌新品　　栽培者　陈少敏　林小勇

蝶花新品　　栽培者　中国兰谷

蝶花新品　　栽培者　中国兰谷

春兰蝶花 栽培者 罗文典

春兰蝶花 栽培者 徐公明

蝶花新荷 栽培者 中国兰谷

春兰三舌新品 栽培者 徐公明

春兰蝶花

春兰蕊蝶　　栽培者　徐公明

朱蝶（春兰）　　栽培者　徐公明

报岁新品　　栽培者　中国兰谷

春兰奇花 栽培者　王绍留

春兰蕊蝶 栽培者　李学林

春兰蕊蝶

蝶花新品 栽培者 中国兰谷

蝶花新品 栽培者 中国兰谷

秋墨蝶花 栽培者 王绍留

蝶花新品 栽培者 中国兰谷

蜀珠(春剑) 栽培者 蹇法德

朝天蝶 栽培者 杨宗池

蝶花新品 栽培者 中国兰谷

高佬蝶 栽培者 区剑坚

山兰蝶花 栽培者 冯锡海 罗社福

蝶花新品

金凤蝶 栽培者 冯锡海等

春兰蝶花新品 栽培者 中国兰谷

春兰蝶花 栽培者 王绍留

春兰蕊蝶 栽培者 徐公明

寒兰三舌

豆瓣蝶花

春兰蕊蝶　　　　栽培者　杨家云

春兰红花蝶　栽培者　徐公明

春兰蝶花　栽培者　徐公明　杨明九

春 兰

春剑蝶花

春剑复色蝶花　　栽培者　徐公明　李学林

春剑蝶花　　栽培者　李学林

春剑蝶花　　栽培者　李学林

春剑蝶花　　栽培者　李学林

连瓣蝶花　　栽培者　李映龙

春剑蝶花

春剑蝶花　　栽培者　李学林

春剑蝶花　　栽培者　李学林　蹇法德

春剑蝶花 栽培者　王学长

春剑蝶花

春剑蝶花 栽培者　李学林

寒兰三舌 栽培者 中国兰谷 陈少敏

春剑蝶花 栽培者 陈桂林

春剑蝶花 栽培者 王学长

春剑蝶花 栽培者 陈桂林

四季兰蝶花

蕙兰蝶花

蕙兰蝶花 栽培者 张兴荣

雄蕊化奇花

闽南大梅

栽培者　刘振龙

刘亚林

寒兰奇花新品　　栽培者　中国兰谷

雄蕊化奇花

雄蕊化奇花　　栽培者　中国兰谷

春剑复色水仙瓣

春剑桃型瓣　　　　栽培者　贾学成

春剑梅瓣

春剑复色水仙瓣　　　　栽培者　王学长

春剑复色水仙 栽培者 莫岱祥

春剑梅瓣 栽培者 周玉明 周家长 毛剑明 李学林

春剑新品

秋墨梅瓣 栽培者 王绍留

春剑桃型瓣 栽培者 贾学成

晶绣球（春剑） 栽培者 秦政

春剑梅瓣

春剑翠梅 栽培者 任 刚

春剑新品

朝阳仙子 栽培者 任 刚

春剑新品

春剑水仙　　栽培者　张江连

夏兰梅瓣　　栽培者　蹇法德

夏兰复色　　栽培者　徐公明

春剑梅瓣　　栽培者　徐公明　蹇法德

春剑梅瓣 栽培者 蹇法德

夏兰梅瓣 栽培者 蹇法德

春剑蝶花 栽培者 李学林

春剑蝶花 栽培者 徐公明

夏兰蝶花 栽培者 蹇法德 伍健

四季水仙 栽培者 中国兰谷

夏兰水仙瓣 栽培者 蹇法德

夏兰水仙瓣 栽培者 蹇法德

夏兰复色水仙　　　　栽培者　徐公明

春兰梅瓣 栽培者 周玉明 周家长

天主蝶 栽培者 任 刚

夏兰水仙瓣复色 栽培者 徐公明 蹇法德

夏兰水仙瓣 栽培者 徐公明

太清梅 栽培者 任 刚

春兰梅瓣 栽培者 廖家发

朝阳荷 栽培者 任 刚

四季新品（蝶花）

夏兰蝶花 栽培者 蹇法德

雪 梅 栽培者 陈少敏 游宪猛

红尘仙子 栽培者 任 刚

春兰梅瓣 栽培者 廖家发

春兰梅瓣 栽培者 廖家发

春兰黄花水仙瓣 栽培者　蹇法德

春兰黄花水仙瓣 栽培者　蹇法德

春兰梅瓣 栽培者　王绍留

梅瓣新品　　　　栽培者　中国兰谷

梅瓣新品 栽培者 南海兰协

春兰梅瓣　　栽培者　塞法德

春兰梅瓣　　栽培者　塞法德

报岁梅瓣新品　　栽培者　中国兰谷

吉祥（春兰） 栽培者 蹇法德

报岁梅瓣新品 栽培者 中国兰谷

报岁梅瓣新品 栽培者 中国兰谷

碧龙寿福 栽培者 李映龙

春兰水仙瓣 栽培者 杨明九

春兰水仙瓣 栽培者 蹇法德

春兰梅瓣 栽培者 蹇法德

五彩奇梅 栽培者 中国兰谷

报岁新品 栽培者 中国兰谷

梅蝶 栽培者 中国兰谷

下山奇花 栽培者 中国兰谷

奇花新品（寒兰） 栽培者 中国兰谷

四季兰水仙新品 栽培者 中国兰谷

四季兰水仙新品 栽培者 中国兰谷

四季兰水仙新品 栽培者 中国兰谷

粤东彩龙 栽培者 陈少敏 刘仲健

南国水仙 栽培者 陈少敏 刘仲健

福满梅 栽培者 中国兰谷

复色奇花

红线女　　栽培者　谢明发　谢文胜

春剑桃红　　栽培者　谢明发　谢文胜

线艺红花新品 栽培者 中国兰谷

凌波仙子 栽培者 陈 波

春剑复色花 栽培者 张俊云 彭启荣

凌波仙子 栽培者 陈 波

四季兰红花线艺　　栽培者　中国兰谷

四季兰红花　　栽培者　中国兰谷

报岁红花　　　　栽培者　中国兰谷

红粉佳人　　栽培者　中国兰谷

下山奇花　　栽培者　陈少敏

红花新品

红花线艺新品　　栽培者　中国兰谷

报岁新品

报岁新品

复色花　　栽培者　陈少敏　蓝火盛

包公　　栽培者　中国兰谷　刘达雄

报岁新品

线艺红花

红花新品　　栽培者　中国兰谷

红花新品 栽培者 中国兰谷

春剑复轮　　　　栽培者　段建强

春剑复色花　　栽培者　彭启云　张俊云

春剑红花

春剑红花

春剑复色 栽培者 王学长

白蝴蝶　　栽培者　李学林

绿嘴新品 栽培者 戴建修

春剑矮种荷瓣复色花　　　　栽培者　刘仲健

春剑复色花　　栽培者　周丛林　周玉民　周家长

春剑新品 栽培者　李学林

春剑水仙

春剑复色花　　栽培者　李学林

春剑红唇黄花　　栽培者　刘成宪　李学林　莫岱祥

春剑蝶花复色 栽培者 李学林

春剑复色花　　栽培者　张俊云

春剑素

春剑红花

春剑复色花

春剑新品　　　　栽培者　王学长

春剑新品 栽培者　王学长

春剑荷型瓣 栽培者　李学林

春剑红花 栽培者 杨友伦

春剑复色花　　　　栽培者　张江连

春剑水仙　　　　栽培者　蹇法德

国色天姿　　栽培者　罗文典

春剑复色花

猫耳棒

春剑红花 栽培者 王学长 何咸阳

春剑复色花　　栽培者　廖建强

春剑复色花 栽培者　孟昭辉

春剑复色花 栽培者　张俊云

春剑复色花

春兰新品

春兰复色花 栽培者　王绍留

黄花新品 栽培者 陈少敏

春兰新品　　　　栽培者　中国兰谷

春兰红花　　　　栽培者　蹇法德

细叶春剑（复色红唇） 栽培者 谢明发 谢文胜

春兰复色花 栽培者 王学长

春兰黄花 栽培者 王绍留

彩虹 栽培者 廖明

瑶林胭脂 栽培者 林仲贤

春兰新品 栽培者 蹇法德

春剑复色花 栽培者 梁长松

奇花新品

奇花新品

春兰复色花　　栽培者　莫岱祥　钱登荣　杨明九

春兰复色花　　栽培者　莫岱祥　钱登荣　杨明九

瑶林胭脂 栽培者 林仲贤

春兰黄花 栽培者 王绍留

春兰黄花 栽培者 赵德俊

春兰红奇花 栽培者 徐公明

春兰红花　　栽培者　徐公明　蹇法德

红妃（黄金斑艺）　　栽培者　梁汉流

春兰黄花黑嘴　　栽培者　谭金仁

春兰水晶花　　栽培者　周明德

春兰黄花新品 栽培者 中国兰谷

春兰猫耳捧 栽培者 李学林

红花矮种

春兰奇花　　栽培者　王绍留

春兰墨花　　栽培者　谭金仁

春兰新品

红妃（墨兰） 栽培者 林仲贤

春兰复色花 栽培者 莫岱祥 杨明九 钱登荣

春兰复色 栽培者 蹇法德

春兰猫耳捧复色 栽培者 徐公明 钱登荣 杨明九

红华 栽培者　中国兰谷

彩凤　　栽培者　陈少敏　刘仲健

夏兰红花　　栽培者　徐公明

异型瓣奇花

春兰新品种

春兰奇花 栽培者 徐公明

春剑奇瓣 栽培者 王学长

红牡丹 栽培者 张广元

春剑白花 栽培者 王学长

杜十娘

春剑奇瓣 栽培者 孟昭辉

四季奇花 栽培者 陈少敏

送春奇瓣 栽培者 莫岱祥 杨明九

奇彩

墨兰奇瓣　　栽培者　中国兰谷

四季兰奇瓣　　栽培者　中国兰谷

春兰复色花　　栽培者　徐公明　莫岱祥　蹇法德

春兰奇花 栽培者 孟昭良

春兰扑风翼 栽培者 徐公明

寒兰红花　　　　栽培者　徐公明

江泽慧 主编

中国名花专著系列

总 策 划： 刘先银　雷嗣鹏　杨京岛

组织策划： 张爱国　崔祖瑛　孟庆武　王兴政

主要摄影： 王高潮　张建勇　徐公明

装帧设计： 刘仲健

责任编辑： 刘先银　雷嗣鹏

Mobile: 13601069689 13602626410

Email: steven@public. fhnet.cn.net